はじめに　～中学生の君へ～

この本は、人口の多い7都府県（東京、神奈川、…）の公立高校入試問題を材料に、「図形の証明」の流れ…である。
7都府県以外の道府県でも同様の出題がなされるので7都府県以外の中学生にも役立つ。なお、高校入試のない私立中学の場合、同様の問題が中学2年、3年の中間、期末テストで出題されるのでテスト対策に役立つだろう。

◆「証明」とは？

中学1年のとき、線分 AB の垂直二等分線の作図（描き方）を学ぶ。

① 点 A を中心にし、コンパスを使い、ある幅で円を描く。
② 次に点 B を中心にし①で使ったコンパスの幅のままで円を描く。
③ 2円の交点を通る直線を定規でひく。

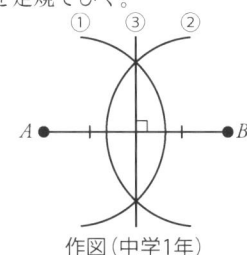

作図（中学1年）

この3つの操作だけで、正確に垂直二等分線が描ける「美しさ」は感動的である。上図（作図結果）だけ見ると「たぶん垂直二等分線だろう」と直感はできるが、それだけでは、誰もが納得する説明にはならない。中学2年で習う「図形の証明」の方法を使うと、この3つの操作で垂直二等分線を描ける理由を誰もが納得する形で説明できるようになる。

証明（中学2年）

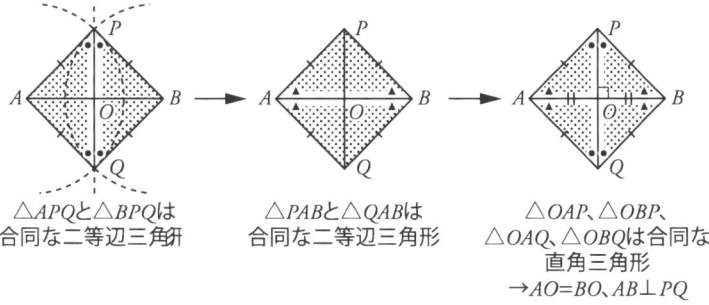

2円の交点を P、Q、線分 AB と PQ との交点を O とする。まず $\triangle APQ$ と $\triangle BPQ$、次に $\triangle PAB$ と $\triangle QAB$ が合同（形も大きさも同じ）な二等辺三角形であることを示し、

1

最後に △OAP と △OBP と △OAQ と △OBQ の 4 つの三角形が合同な直角三角形であると示せば、PQ は AB の垂直二等分線と証明できるだろう。最初の作図の中に 2 つあるいは 4 つの三角形を描くと誰もが納得する説明になる（ひし形の性質による簡単な説明もあり。それも含め正確な説明は → pp. 4、5 参照）。「直感」だけでなく、誰もが納得できるように、筋道を立てて明らかにすることを「証明」という。

◆小学生のときは、皆、図形（円、三角形）が好きだった
子どものとき三角形や円を地面に描いて遊んだり、小学生のときは、白紙のノートにコンパスや定規で、規則正しい図形を描いたりしたときは楽しかったのではないだろうか。また「合同」（大きさと形が同じ）、「相似」（形が同じ）の図形も、コンビニで等倍コピーや拡大縮小コピーなど簡単な操作で容易に作りうる。図形は本来身近で楽しいものであるはずである。
ところが、中学 2 年で「図形の証明」になると、残念ながら、少なからぬ中学生が苦手意識を持ってしまい、証明に隠された醍醐味を味わいきれていない。「見ればわかることを、なんであえて証明しなきゃいけないの？ めんど」という声も耳にする。

◆「見ればわかりそうな」ことをあえて「証明」する
「家から学校まで通っている道順」は毎日のことだから、言葉にしなくても「慣れ」で体得している。しかし隣に引っ越してきた人から「学校への行き方を教えて」と聞かれたら、どう説明するだろうか？ 「まずまっすぐに行き、2 つ目の交差点で左折し、次の交差点で右折する」という形で、「○個目の交差点」「右折」「左折」などの用語を使って道順を説明するだろう。そうすると、誰もが納得できる説明となる。図形の「証明」も同様である。直感的に「見ればわかる」ことでも、誰もが納得できる道筋（論理）で「同位角」「合同条件」などの用語を使い説明する。
脳の癖や経験によって、ある人が「合同（相似）」と感じた 2 つの図形でも、別の人は「微妙に違うから合同（相似）ではない」と感じることがある。人間の感覚（視覚）は当てにならないこともある。しかし、論理の道筋で合同や相似などを証明すれば、感覚の違いを超えて誰もが納得できる。
直感（感覚）だけに頼っていた図形の見方を、論理の道筋で裏付けすることを会得できれば、「めんどっ」が「おもしろっ」になり、入試や定期テストでも得意分野になるはずである。

◆大人の学びなおし
中学生だけでなく、大人もこの本で、まるで名探偵の推理のような図形の証明の面白さを味わっていただければ幸いである。

この本の流れ、使い方

◆この本の流れ
この本では、まず pp. 4、5 で「証明の具体例」を示し、pp. 6〜19 で「図形の証明の根拠となることがら」(定理などとも呼ばれる)を説明する。最後に、高校入試問題(抜粋)の解き方を説明していく。高校入試問題については、ある程度勉強してきた人は、実際にまずは自分で挑戦してみてから、わからなかった発想を解答例で確認してみたほうがよい。埼玉県では、出題図と同形の長方形が試験のときに与えられて、折って考えてよいことになっている。イメージが苦手な人は、実際に紙を折って考えるとよい。

◆右頁を下敷きで隠して考えてみよう
具体的な問題の部分では理解しやすいように、見開きで「左頁に問題、右頁に解答解説」とした。だから、左頁から右頁に目を移せばすぐに答がある。この本を読みものとして読む人はどんどん読んでいいが、実際に高校入試や定期試験対策で勉強する中学生は、右頁を下敷きで隠し、左頁の問題を十分に考えてから、右頁を見てほしい。

◆ 2014〜16 年の 7 都府県の入試問題の中から証明部分を抜粋
高校入試問題の証明に関わる大問には、証明のみを聞く問題(愛知、神奈川、兵庫など)と、証明の過程や結果を使って計算をさせる問題を含む問題(東京、千葉、埼玉、大阪など)がある。ただ、計算まで説明しようとすると、この本の目的をはずれることになるので、計算の部分の設問や計算だけに必要な数値は省略した。省略した場合は「/部分」と表記している。また、各都府県ごとの言い回しや用語に特徴があるので、問題の意味を変えない範囲で表現を変えている。図についても、出題者が示唆する範囲で一部に線分を加筆したり、解答に不要な記号は削除したりした。弧については「$\widehat{AB}$」という表記と「弧 AB」という表記が各都府県ごとに異なるが、この本では「弧 AB」で統一した。
難しめの問題では図と説明の対応をはっきりさせるため、図中の記号(●や▲)を説明文中に記した。また証明では途中の角度などが等しいことを示す部分は「。」を使わず改行を繰り返すのが基本であるが、スペースの都合上、本来改行したほうがよい部分で「。」を使用した(実際のテスト解答では改行を繰り返すようにしよう)。詳しくは p. 23 参照のこと。

◆姉妹書「円」「三角形」も併用しよう
この本では、「証明の根拠となることがら」について、スペースの都合上、その背景の深い説明は省略した。その背景は、姉妹書「円」「三角形」で説明している。併用していただくとさらに理解が深まるはずである。

「証明」の具体例

「はじめに」で出した問題を実際にやってみよう。

例題

中学1年のとき、線分 AB の垂直二等分線の作図（描き方）を学ぶ。
① 点 A を中心にし、コンパスを使い、ある幅で円を描く。
② 次に点 B を中心にし①で使ったコンパスの幅のままで円を描く。
③ 2円の交点を通る直線を定規でひく。
この直線が線分 AB の垂直二等分線となっていることを、ひし形の対角線の性質を利用せずに証明せよ。

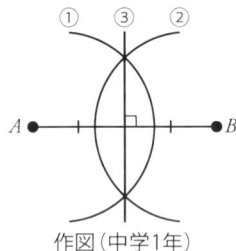

作図（中学1年）

まず、問題を解くために、右頁の図のように問題の条件をわかりやすく記号にする。2円の交点2つのうち上を P、下を Q とする。また AB と PQ との交点を O とする。すると①②で描いた円は同じ半径なので $AP = AQ = BP = BQ$ とわかり、四角形 $PAQB$ はひし形とわかる。その条件を使って $AO = BO$、$AB \perp PQ$ を示すことが証明となる。つまり「$AP = AQ = BP = BQ$ ならば、$AO = BO$、$AB \perp PQ$ である」ことを示す。「●●ならば、▲▲である」と表現できる図形の証明で、●●を仮定、▲▲を結論という。仮定（$AP = AQ = BP = BQ$）から結論（$AO = BO$、$AB \perp PQ$）を導き出すために、「証明の根拠となることがら」（定理などともいう）を使う。「証明の根拠となることがら」には主に以下のようなものがある。

1. 三角形の角の性質（内角の和は180°、外角は隣りあわない2内角の和）
2. 二等辺三角形の底角は等しい
3. 平行線と角の性質（対頂角、錯角、同位角）
4. 様々な四角形の辺、角、対角線の性質
5. 中点連結定理
6. 三角形の合同条件
7. 直角三角形の合同条件
8. 合同な図形の対応する辺や角は同じ
9. 三角形の相似条件

10. 相似な図形の対応する角（と辺比）は同じ
11. 円周角の定理
12. タレスの定理

ひし形の対角線の性質（ひし形の2つの対角線は直交し、互いを二等分する）を利用すると四角形 $PAQB$ がひし形なのですぐに証明できるが、証明には、三角形の合同、相似条件を使うことが多いので、その流れで証明してみよう。

例題の証明

証明（中学2年）

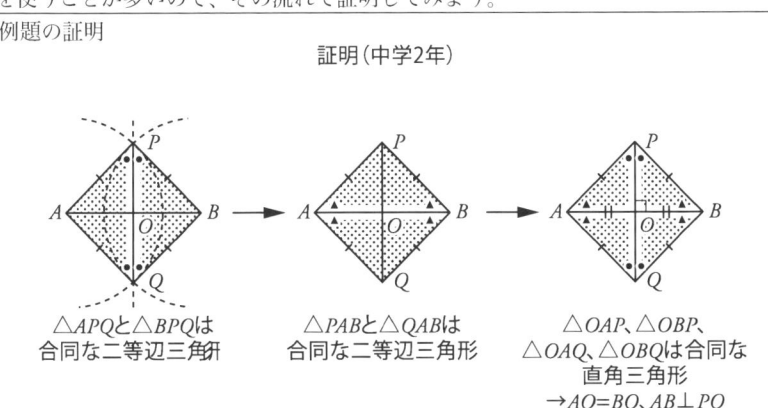

△APQと△BPQは
合同な二等辺三角形

△PABと△QABは
合同な二等辺三角形

△OAP、△OBP、
△OAQ、△OBQは合同な
直角三角形
→AO=BO、AB⊥PQ

$\triangle APQ$ と $\triangle BPQ$ で（←合同を証明すべき三角形ペアを提示）仮定から $AP = BP$ …①。（←設問に書いてある条件は「仮定から」と表記）$AQ = BQ$…②。（共通の辺なので）$PQ = PQ$…③。①②③より3組の辺がそれぞれ等しいので（←番号①②…と付与して説明に活用）$\triangle APQ \equiv \triangle BPQ$。$\triangle APQ$ は $AP = AQ$、$\triangle BPQ$ は $BP = BQ$ の二等辺三角形で底角は等しく、かつこの2つの三角形は合同で対応する角も等しいので $\angle APQ = \angle AQP = \angle BPQ = \angle BQP$（図の●）…④。$\triangle PAB$ と $\triangle QAB$ で仮定から $PA = QA$…⑤、$PB = QB$…⑥、$AB = AB$…⑦。⑤⑥⑦より、3組の辺がそれぞれ等しいので $\triangle PAB \equiv \triangle QAB$。$\triangle PAB$ は $PA = PB$、$\triangle QAB$ は $QA = QB$ の二等辺三角形で底角は等しく、かつこの2つの三角形は合同で対応する角も等しいので、$\angle PAB = \angle PBA = \angle QAB = \angle QBA$（図の▲）…⑧。$\triangle PAO$、$\triangle PBO$、$\triangle QAO$、$\triangle QBO$ で仮定から $PA = PB = QA = QB$…⑨。④⑧⑨より、1辺とその両端の角がそれぞれ等しいので、$\triangle PAO \equiv \triangle PBO \equiv \triangle QAO \equiv \triangle QBO$…⑩。よって $AO = BO$…⑪。⑩⑪から $\angle POA = \angle POB = \angle QOA = \angle QOB$。この4角は点 O をとりまく角なので $\angle POA + \angle POB + \angle QOA + \angle QOB = 360°$。よって $\angle POA = 90°$。$AB \perp PQ$…⑫。⑪⑫より、PQ は AB の垂直二等分線である。（←結論）

それでは、中学で証明に使う「根拠となることがら」を次からまとめていこう。

証明の根拠となることがら

❶ 三角形の角の性質 & 平行線と角の性質

1. 三角形の内角の和は 180°、直角三角形の 2 鋭角の和は 90°
   どのような形の三角形でも内角の和は 180° となる（証明は姉妹書「三角形」p. 11 参照）。直角三角形の場合、直角以外の 2 鋭角の和は 90° となる。また直角二等辺三角形の鋭角は二等辺三角形の底角（2 鋭角）は等しいので 90°/2 = 45°。

2. 三角形の外角は、それと隣りあわない 2 つの内角（内対角）の和に等しい

3. 1 直線上のある点と両側の線の角（平角）は 180°
   1 直線上のある点に直角が接していた場合、残りの角の和は 90° となる。これと直角三角形の 2 鋭角の和が 90° であることを組み合わせた問題がよく出題される。

4. 二等辺三角形の 2 底角は等しい
   2 底角が等しければ二等辺三角形である。二等辺三角形の長さが等しくない辺を底辺においてみた場合、左右の 2 辺は等しく、その 2 辺と底辺の間の左右の 2 角（2 底角）が等しい。2 辺が等しい場合は 2 角が等しいことがわかり、逆に 2 角が等しい場合は 2 辺が等しいことがわかる。この相互関係は図形の証明で多用される。

5. 対頂角は等しい
   2 直線が交差してできる交点の周りの角で、対面する角どうしを対頂角という。対頂角は互いに等しい。2 直線の交差の場合、対頂角は 2 組できる。

6. 平行の定義、性質と平行線になる条件
   どこまで伸ばしても交わらない 2 直線の関係を平行といい、2 直線間の距離はどの位置でも等しい。距離とは 2 直線それぞれに垂直な直線の、2 直線間の線分の長さをいう。平行は $\ell // m$ のように書く。
   2 つの平行線に交わる直線を考えた場合、1 つの平行線 m と直線の交差する点で基準とする角と、もう 1 つの平行線 ℓ でも同じ位置にある角を同位角、もう 1 つの平行線の内側で基準とする角の反対側の位置にある角[1]を錯角といい、基準とする角、対頂角、同位角、錯角の 4 つは等しい。逆に 2 直線 ℓ、m が平行だとわかっていなくても、錯角や同位角が等しければ平行だとわかる。

---

[1] 同位角の対頂角。

1. 三角形の内角の和は180°、直角三角形の2鋭角の和は90°

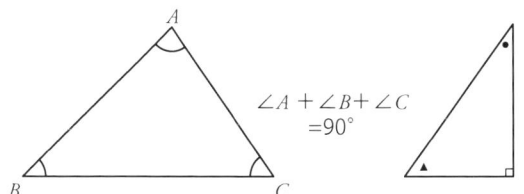

2. 三角形の外角は、それと隣りあわない2つの内角（内対角）の和に等しい

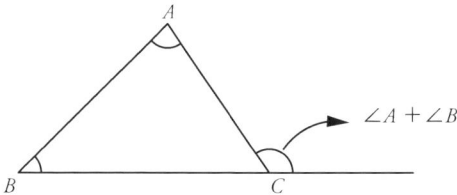

3. 1直線上のある点と両側の線の角（平角）は180°

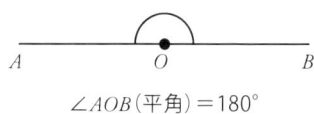
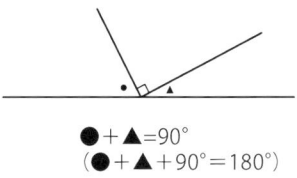

4. 二等辺三角形の辺と角の関係

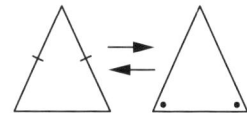

5. 対頂角は等しい

6. 平行の定義、性質と平行線になる条件

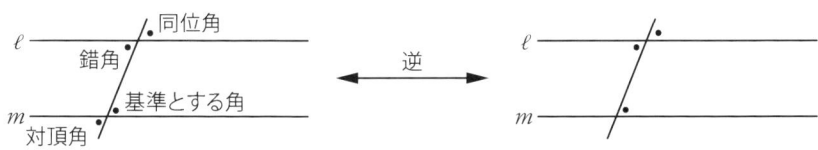

平行線に交わる
直線の作る錯角や同位角は等しい

錯角や同位角が等しければ
2直線は平行

❷ 四角形の種類と辺、角、対角線の性質

1. 四角形の種類と名称　〜ひし形・長方形は平行四辺形の一種〜

    四角形は、1つの内角だけが180°より大きいのでブーメラン状になる凹四角形と、すべての内角が180°より小さい凸四角形に分類される。凸四角形の内角は180°より小さければよく、鈍角（90°より大きい角）でもよい。凸四角形の中には、台形、平行四辺形、ひし形、長方形、正方形などがあるが、台形⊃平行四辺形⊃長方形⊃正方形、あるいは、台形⊃平行四辺形⊃ひし形⊃正方形、であることに注意してほしい。A⊃BはBはAの中に含まれるという意味である。つまり正方形は長方形あるいはひし形の一種であり、長方形あるいはひし形は平行四辺形の一種であり、平行四辺形は台形の一種である。正方形はひし形の一種なので、「ひし形を描きなさい」と指示された場合、正方形を描いても間違いではないが、普通は正方形ではない細長いひし形を描く。つまり人は、普通「平行四辺形」「ひし形」「長方形」と言われれば、それぞれ「長方形やひし形ではない平行四辺形」「正方形でないひし形」「正方形ではない長方形」をイメージする。ただ、正確には、台形⊃平行四辺形⊃ひし形⊃正方形、台形⊃平行四辺形⊃長方形⊃正方形なので、正方形はひし形や長方形の性質も持ち、ひし形や長方形は平行四辺形の性質も持ち、平行四辺形は台形の性質も持つ。

2. 平行四辺形になる条件（5つ）

    四角形が平行四辺形になる条件は以下の5条件であり、このうちどれかが満たされれば平行四辺形だと証明できる。

    (1) 2組の向かいあう辺が、それぞれ平行である。（定義）
    (2) 2組の向かいあう辺が、それぞれ等しい。
    (3) 2組の向かいあう角が、それぞれ等しい。
    (4) 1組の向かいあう辺が、等しくて平行である。
    (5) 対角線が、それぞれの中点で交わる。

1. 四角形の種類と名称 〜ひし形・長方形は平行四辺形の一種〜

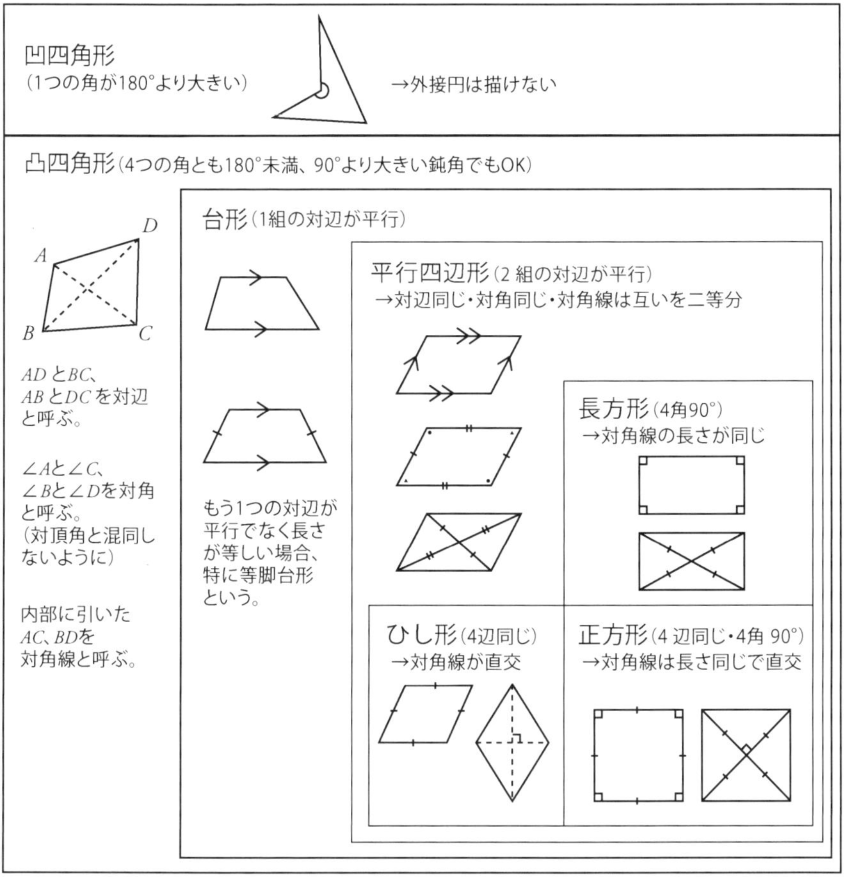

凹四角形
(1つの角が180°より大きい) →外接円は描けない

凸四角形(4つの角とも180°未満、90°より大きい鈍角でもOK)

AD と BC、
AB と DC を対辺
と呼ぶ。

∠A と ∠C、
∠B と ∠D を対角
と呼ぶ。
(対頂角と混同し
ないように)

内部に引いた
AC、BD を
対角線と呼ぶ。

台形(1組の対辺が平行)

もう1つの対辺が
平行でなく長さ
が等しい場合、
特に等脚台形
という。

平行四辺形(2組の対辺が平行)
→対辺同じ・対角同じ・対角線は互いを二等分

長方形(4角90°)
→対角線の長さが同じ

ひし形(4辺同じ)
→対角線が直交

正方形(4辺同じ・4角90°)
→対角線は長さ同じで直交

2. 平行四辺形になるための条件

(1) $AB \parallel DC$、$AD \parallel BC$

(2) $AB = DC$、$AD = BC$

(3) $\angle A = \angle C$、$\angle B = \angle D$

(4) $AB \parallel DC$
$AB = DC$
あるいは
$AD \parallel BC$
$AD = BC$

(5) $AO = CO$、$BO = DO$

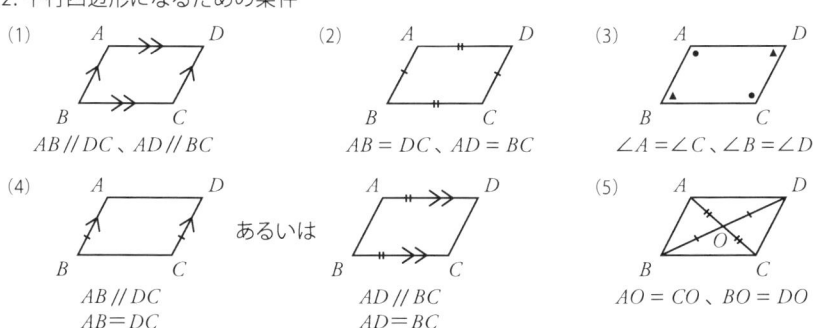

❸ 三角形、直角三角形の合同条件

9

形も大きさも等しい合同な三角形は対応する 3 辺、3 角という 6 つの値が一致する。ただ 6 つすべてが一致することを確かめなくても、このうち以下に示す組み合わせの 3 つが等しいとわかれば、合同とわかり、残り 3 つも等しくなる。これを三角形の合同条件という。合同条件には以下の 3 つがあるが、このうちどれかが証明できれば、三角形の合同が証明できる。

1. 3 組の辺がそれぞれ等しい（3 辺相等）

    図形が配置されている向きが異なっている場合でも、3 組の辺が等しいことがわかれば対応する向きに置き換えることで、合同な三角形だとわかる。

2. 2 組の辺とその間の角がそれぞれ等しい（2 辺夾角相等）

    2 組の辺の間の角でないものが同じ場合には、合同とは限らない。必ず 2 組の辺と「その間」の角であることを明記するために「2 辺夾角相等」と表現する。「夾」とは「はさむ」（2 辺の間にはさまれた）という意味である。

3. 1 組の辺とその両端の角がそれぞれ等しい（2 角夾辺相等）

    2 組の角の間に 1 組の辺がはさまれているとみなし「2 角夾辺相等」という。

◆直角三角形の合同条件

直角三角形の場合、上記 3 条件がそろっていないように見えても、以下 2 条件がそろっていると合同を証明できる。この 2 条件を特に「直角三角形の合同条件」という。実質的には上記 3「2 角夾辺相等」と同じ内容であるが、直角三角形の合同の証明では多用する。

ア. 斜辺と 1 つの鋭角がそれぞれ等しい（斜辺と 1 鋭角）

    「直角」「1 鋭角」の 2 角がわかると、三角形の内角の和は 180°なので、「もう 1 つの鋭角 = 180° − (90° + わかっている鋭角) = 90° − わかっている鋭角」で計算でき、1 鋭角が等しければ、もう 1 つの鋭角も等しい。すると斜辺とその両端の角で「2 角夾辺相等」となる。

イ. 斜辺ともう 1 組の辺がそれぞれ等しい（斜辺と 1 辺）

    一致する 1 組の辺を背中合わせにし、斜辺を左右に配置してくっつけると、二等辺三角形となる。したがって底角が等しいとわかり、残りの角も等しいとわかるので、これも「2 角夾辺相等」となる。また「2 辺夾角相等」と見ることもできる。

◆合同な図形（三角形）では対応する辺や角が等しい

「等しいとわかった辺や角での三角形の合同の証明→残りの辺と角も等しいことがわかる→それを活用し最後の証明」という流れで、最後の証明のための手段として合同条件が用いられることも多い。

三角形の合同条件

1. 3組の辺がそれぞれ等しい（3辺相等）

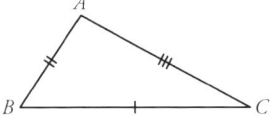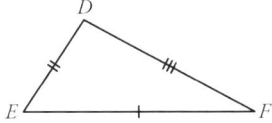

2. 2組の辺とその間の角がそれぞれ等しい（2辺夾角相等）

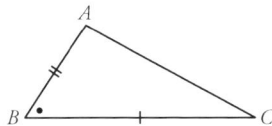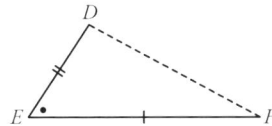

3. 1組の辺とその両端の角がそれぞれ等しい（2角夾辺相等）

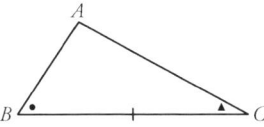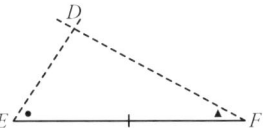

◆直角三角形の合同条件

ア. 斜辺と1つの鋭角がそれぞれ等しい　　証明（実は2角夾辺相等）

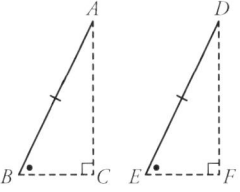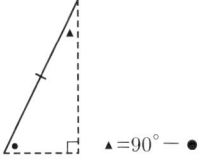

▲＝90°－●

イ. 斜辺ともう1組の辺がそれぞれ等しい　　証明（2つ背中合わせに結合
　　　　　　　　　　　　　　　　　　　　　　→2角夾辺相等
　　　　　　　　　　　　　　　　　　　　　　あるいは2辺夾角相等）

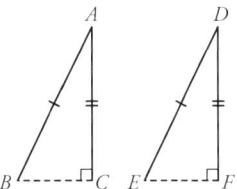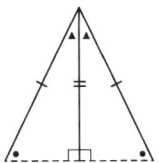

11

❹ 三角形の相似条件、中点連結定理

相似な三角形は、対応する3角が一致し、3辺の比が等しい。この6つすべてを確かめなくても、このうち2つ、3つが等しい（比が等しい）とわかれば、相似とわかり、残りの角や辺比も等しいとわかる。これを三角形の相似条件という。相似条件は合同条件よりも緩い。下記3条件のどれかが満たされれば、三角形の相似が証明できるので、状況によってどの条件を使うかを考える。

1. 3組の辺の比がそれぞれ等しい（3辺比相等）
   なお、この比を相似比といい、面積の計算などにも用いる。この比が1:1となる場合は合同となる。
2. 2組の辺の比とその間の角がそれぞれ等しい（2辺比夾角相等）
   前頁と同様、2辺の間でない角が等しくても相似とは限らないことに注意。
3. 2組の角がそれぞれ等しい（2角相等）
   2角が等しければ、三角形の内角の和は180°なのでもう1つの角も「180°−2角の和」で計算でき、3角が等しくなる。つまり2角が等しければ必ず3角が等しくなるので、実質的には「3角相等」ともいえる。

◆直角三角形の直角を頂角にして垂線で分割した2つの三角形は相似

直角三角形の直角が頂点になるように置き、斜辺に垂線を下ろして2分割すると、2分割した2つの直角三角形、そして元の直角三角形は、すべて互いに相似である。それは向きを変えて置き換えるとわかる。そしてこの直角三角形の辺相互には相似比の関係があるので、各辺（線分）の長さがわかる。ただ位置関係が混乱しやすく、対応する辺を間違いやすいので、最初に $\triangle ABC \backsim \triangle AHB \backsim \triangle BHC$ と対応する頂点の順番を正確に合わせて明記し考えるとよい。$\backsim$ は相似を示す記号である。直角三角形の直角を頂角に置いて垂線を下ろして分割する方法で、無限に「入れ子」のように相似な三角形が描ける。

◆相似な三角形では角と辺比が等しい

相似な三角形だと証明できると、不明だった対応する角も等しいとわかる。三角形の相似の証明問題に付随し線分の長さの計算が出題されることもあるが、対応する辺の比が2つの三角形の相似比になることを活用して解く。

◆中点連結定理

$\triangle ABC$ で AB の中点 M と AC の中点 N を結ぶ（つまり $AM = MB$、$AN = NC$ の場合で MN を結ぶ）と、MN は底辺 BC に平行で、長さが1/2となる（$MN // BC$、$MN = 1/2 BC$ となる）ことを「中点連結定理」という（→証明は姉妹書「三角形」p.12参照）。

1. 3組の辺の比がそれぞれ等しい

$a:a'=b:b'=c:c'$
$(a:b:c=a':b':c')$

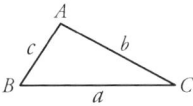
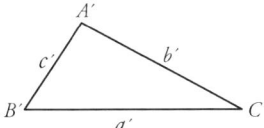

2. 2組の辺の比とその間の角がそれぞれ等しい

$a:a'=c:c'$
$(a:c=a':c')$
$\angle B=\angle B'$

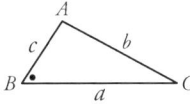
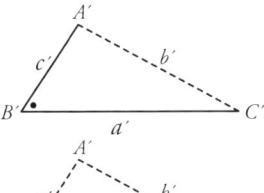

3. 2組の角がそれぞれ等しい

$\angle B=\angle B'$ $\angle C=\angle C'$
$(\angle A=\angle A')$

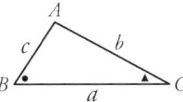
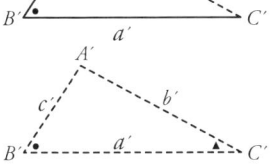

◆直角三角形の直角を頂角にして垂線で分割した2つの三角形は相似

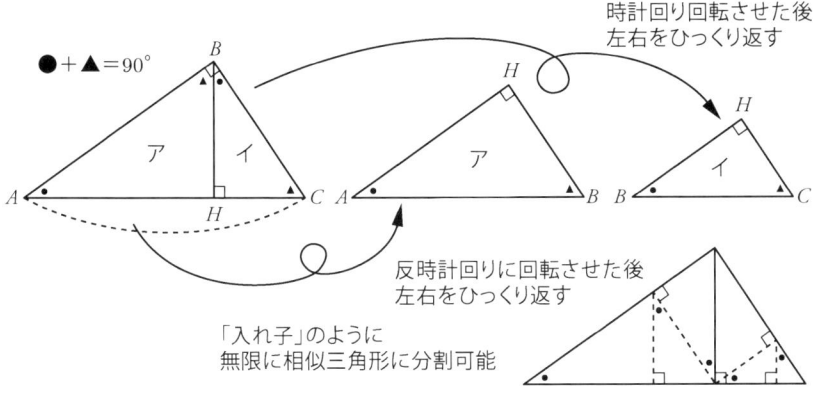

◆中点連結定理

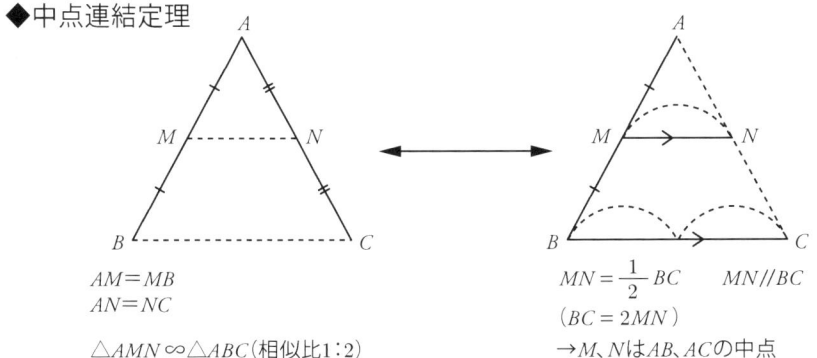

$AM=MB$
$AN=NC$

△AMN∽△ABC(相似比1:2)

$MN=\dfrac{1}{2}BC$ $MN//BC$
$(BC=2MN)$

→M、NはAB、ACの中点

13

❺ 円と弦、半径

円と弦、接線には図のように様々な関係がある。線と交錯した円の対称性は美しい。2. などは、日常生活で自転車の車輪のタイヤの接地部で、その都度内部のスポークが地面（接線）と垂直になることで、実感できる。

1. 中心から任意の弦に下ろした垂線は弦を二等分する

    【証明】中心と弦の両端を結ぶ半径を描く。$\triangle OAH$ と $\triangle OBH$ で、OH は中心 O から弦 AB に下ろした垂線なので、$\triangle OAH$、$\triangle OBH$ は直角三角形。$OA = OB$（円の半径）①、$OH = OH$（共通）②。①②より斜辺と1辺がそれぞれ等しいので直角三角形の合同条件（→ pp. 10, 11 参照）を満たし、$\triangle OAH \equiv \triangle OBH$（三本線 $\equiv$ は合同を表す）。よって $AH = BH$。よって垂線は弦を二等分する。逆に弦の垂直二等分線は円の中心を通るとも言える。

2. 接点と中心を結ぶ半径と接線は垂直となる

    1. で考えた「中心から弦に下ろした垂線は弦を二等分する」において、弦をできるだけ短くしても、円の中心からその短い弦の中心を通る垂線を下ろせる。その弦が無限に小さくなりほぼ円周上の点に一致したと考えると、その点が接点、そしてその接点を含む接線と、円と接点を結ぶ半径とは、垂直である。

3. 円外のある点から円に引いた2接線の接点までの長さは同じとなる

    【証明】$\triangle PAO$ と $\triangle PBO$ で、$\angle PAO = \angle PBO = 90°$ で $\triangle PAO$ と $\triangle PBO$ は直角三角形。$OA = OB$（半径）①。また $OP = OP$（共通）②。①②より直角三角形で斜辺ともう1組の辺がそれぞれ等しいので $\triangle PAO \equiv \triangle PBO$。よって $PA = PB$（また図より、円外の点と円の中心を結ぶ線分 PO は2接線の作る角 $\angle APB$ の角の二等分線であることもわかる）。

4. 半径2つと弦でできる二等辺三角形の底角は等しい

    円が描かれている図形の証明問題で半径が2つ以上描いてある場合は、同じ円のすべての半径は長さが等しいので、2半径と弦を結んだ三角形は二等辺三角形となり、その2底角（弦と半径のなす角）は等しくなる。3つ以上の半径では2つ以上の二等辺三角形ができるが、異なる二等辺三角形の底角どうしは同じ角になるとは限らないことに注意してほしい（図の●▲）。これと円周角の定理を使うと、次々に同じ角が発見でき、証明を解く流れが見えてくることも多い。

1. 中心から任意の弦に下ろした垂線は弦を二等分する

O
B
A
O
B
H
A

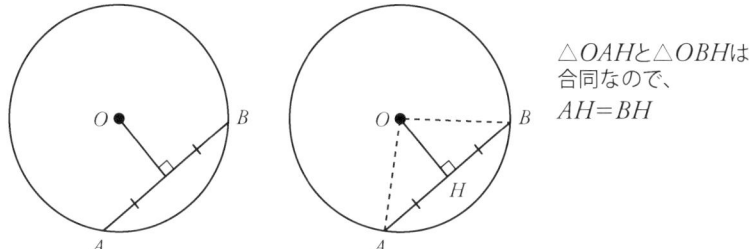

△OAHと△OBHは
合同なので、
$AH=BH$

2. 接点と中心を結ぶ半径と接線は垂直となる

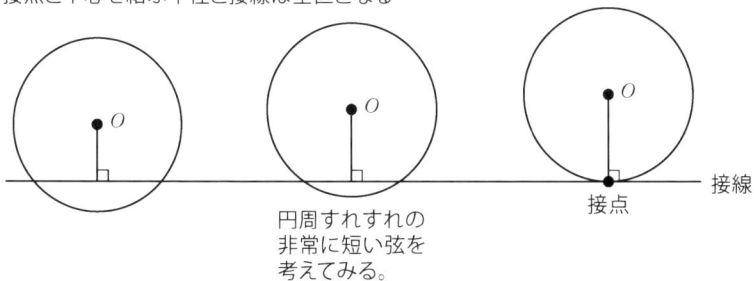

O
O
O
接線
接点
円周すれすれの
非常に短い弦を
考えてみる。

3. 円外のある点から円に引いた2接線の接点までの
長さは同じとなる

A
P
O
B

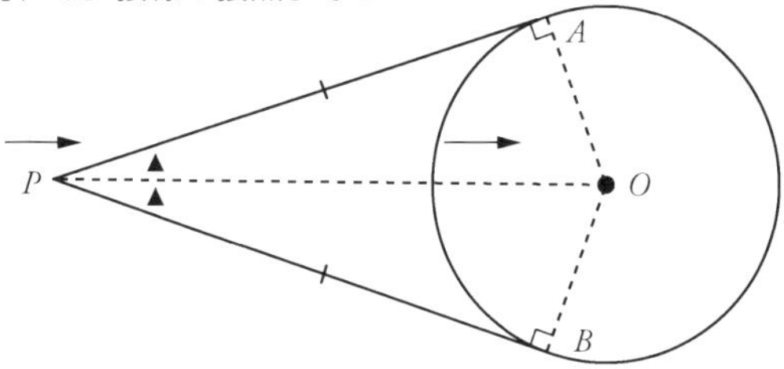

4. 半径 2 つと弦でできる二等辺三角形の底角は等しい

O

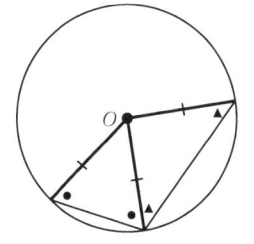

（●と▲は同じ角度とは限らないので注意、
同じ角度になるのは中心角が同じ時のみ）

❻ 円周角の定理

1. 円周角の定理「同じ弧に対する円周角はすべて等しく中心角の半分」
   弧の両端の 2 点と弧以外の円周上の 1 点を結んだ 2 線分が作る角度を円周角、弧の両端の 2 点と円の中心を結んだ 2 線分が作る角度を中心角という。図では $\angle APB$ が円周角で、ア、イ、ウとも同じで、中心角 $\angle AOB$ の半分である（→証明は姉妹書「円」p. 9 参照）。
2. 弧の長さと円周角
   同じ円で弧が異なる位置にあっても長さが同じならば、同じ図が描けるので円周角は等しい。また逆に円周角が等しければ、弧の長さは等しい。
3. 円を描いていなくても、4 点を通る円が描けることもある
   円周角の定理を使うと、円を描いていなくても、4 点を通る円が描けることがある。3 点を通る円は必ず描けるが、4 点を通る円は描けないことも描けることもある。図のように 4 点 A、B、P、Q に関し、$\angle APB = \angle AQB$ だったとき、$\angle APB$、$\angle AQB$ を円周角とする弧 AB とその弧を含む円を描くと、P、Q はその円周上の点であるはずなので、A、B、P、Q はこの円上にある。すると次に別の部分に円周角の定理を使い、別の角度どうしが同じことがわかり、ドミノ倒し的に角がわかって、最後の証明に近づくことができる。このように「円周角の定理」が最後の証明にいたる手段（プロセス）として用いられる場合も多い。

   3. の図（左）の 2 つの三角形は蝶の翅のように見える。蝶の翅に見立てた場合、前方の角（▲）どうし、後方の角（●）どうしが等しくなる。このような「蝶型の図形」には外接する円が描けるとイメージしておくとよい。難しそうに見える問題の図でも「蝶型の図形」に外接する円を描くことで解法のヒントとなることがある。

1. 円周角の定理「同じ弧に対する円周角はすべて等しく中心角の半分」

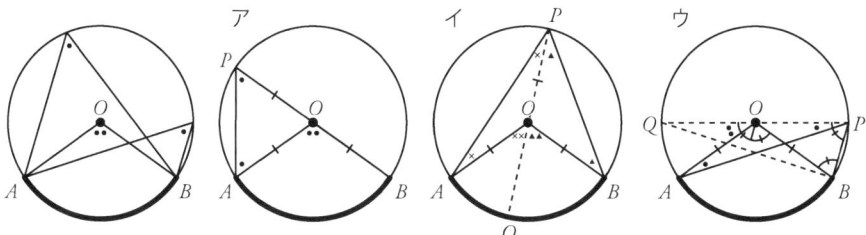

2. 弧の長さと円周角

同じ円に関して弧の長さが同じならば円周角は等しい。
逆に円周角が同じならば弧の長さは等しい。

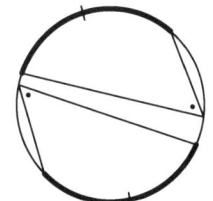

3. 円を描いていなくても、4点を通る円を描けることもある

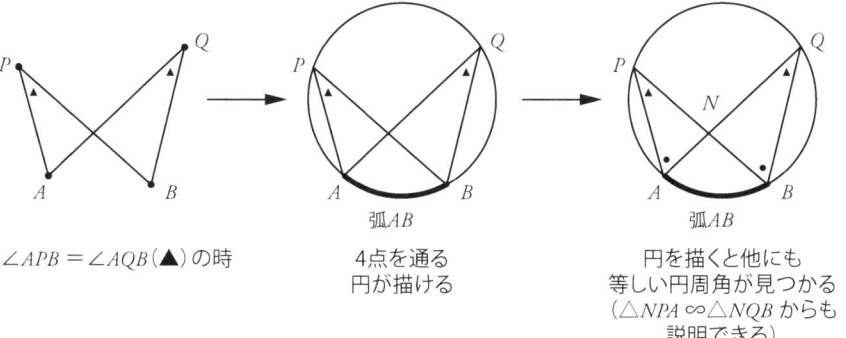

∠APB＝∠AQB（▲）の時　　4点を通る円が描ける　　円を描くと他にも等しい円周角が見つかる（△NPA∽△NQB からも説明できる）

❼ タレスの定理（半円の弧に対する円周角は 90°）

1. 半円の弧に対する円周角は 90°（タレスの定理）
   半円の弧に対する中心角は 180° なので、半円の弧に対する円周角（直径を弦とする弧に対する円周角）は 90° となる。したがって、残りの半円上に 1 頂点をとると、直径を斜辺とする直角三角形が描ける。これを発見者である古代ギリシャの哲学者タレスの名にちなんでタレスの定理という。
   直角三角形の外接円を描くと、斜辺が直径、その中点が中心となる。そして中心と直角になる頂点を結ぶと図のように 3 つの半径 $OA = OC = OB$ となり、2 つの二等辺三角形 $\triangle OAC$、$\triangle OCB$ はそれぞれ底角が等しいので、$\angle OAC = \angle OCA$（図の●）。$\angle OCB = \angle OBC$（図の▲）。● + ▲ = 90° である。

2. 直径両端と円周上の他の 2 点を結ぶと、斜辺を共有した直角三角形が 2 つできる
   直径の両端と円周上の 2 点を考える。図（左）のようにその 2 点が直径をはさんで反対側にあるとき、$\triangle ACB$ と $\triangle ADB$ はそれぞれ直角三角形になり、四角形 $ADBC$ は 1 組の対角が 90° の内接四角形となる。図（右）のようにその 2 点が同じ半円側にある場合、$\triangle ACB$ と $\triangle ADB$ の 2 つの直角三角形が重なって描ける。その 2 つの形は四角形と円との関係の 1 つの基本となる。

3. 斜辺を共有する 2 つの直角三角形の 4 頂点は同じ円周上にある
   2. の逆を考えてみよう。図のように 4 点を結ぶ線分の関係に 2 つ直角がある場合は、その 4 点は同じ円周上にある。図上段の場合四角形 $ADBC$ には外接円が描け、AB はその外接円の直径となる。図下段の場合も 4 点は同じ円周上にあり、四角形 $ABDC$ には外接円が描け、AB はその直径となる。

1. 半円の弧に対する円周角は90°(タレスの定理)

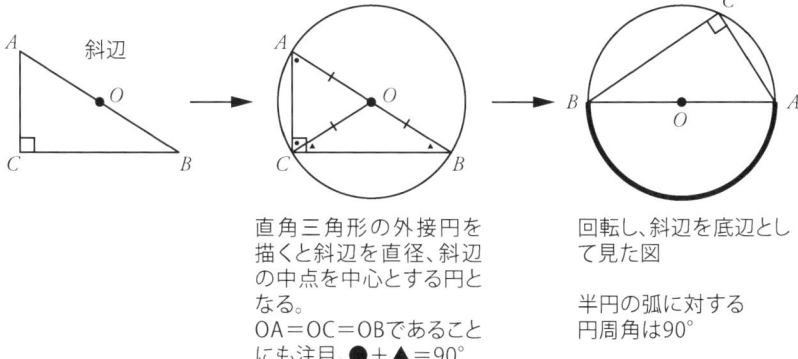

直角三角形の外接円を描くと斜辺を直径、斜辺の中点を中心とする円となる。
OA＝OC＝OBであることにも注目。●＋▲＝90°

回転し、斜辺を底辺として見た図

半円の弧に対する円周角は90°

2. 直径両端と円周上の他の2点を結ぶと、斜辺を共有した直角三角形が2つできる。

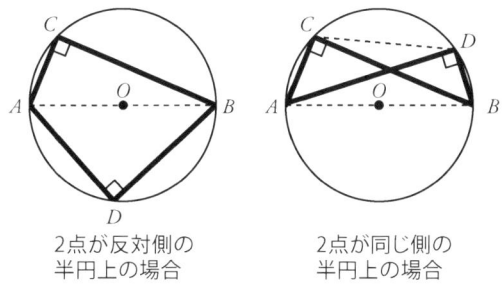

2点が反対側の半円上の場合

2点が同じ側の半円上の場合

3. 斜辺を共有する2つの直角三角形の4頂点は同じ円周上にある。

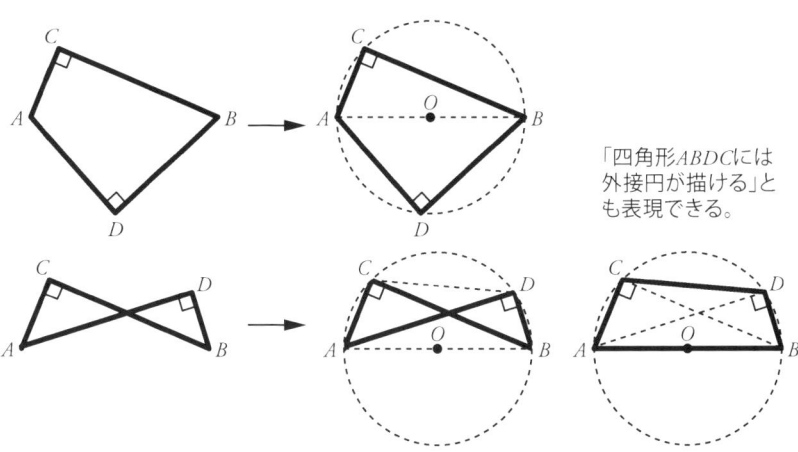

「四角形ABDCには外接円が描ける」とも表現できる。

高校入試問題（抜粋）

● 二等辺三角形 ⇔ 2 つの底角は等しい（→ p. 6 の 4 参照）

---
15 埼玉／部分

縦と横の長さの比が $\sqrt{2}:1$ の長方形 $ABCD$ がある。図のように、線分 AC を折り目として折ったとき、点 B の移った点を E とする。また、線分 AE と辺 DC との交点を F とする。△ACF が二等辺三角形であることを証明せよ。

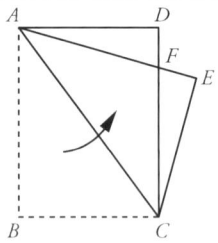

---
14 大阪 B グループ／部分

△ABC は、$BC > AB = AC$ の二等辺三角形である。D は、辺 BC 上にあって B、C と異なる点である。E は直線 AD について B と反対側にある点であり、△$AED \equiv$ △ABD である。E と C を結ぶ。F は、線分 AE と辺 BC との交点である。△$ADF \backsim$ △CEF を証明せよ。

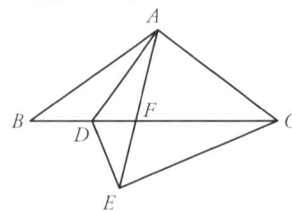

【解答（15 埼玉／部分）】
(図で●がすべて等しいことを活用して証明する)

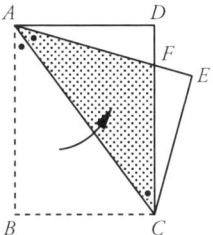

【証明】△ACF で、折り返した角は等しいので ∠FAC = ∠BAC…①。長方形の対辺は平行なので AB ∥ DC。平行線の錯角は等しいので ∠BAC = ∠FCA…②。①②より ∠ACF = ∠FCA。底角が等しいので △ACF は FA = FC の二等辺三角形である。

【解答にいたる発想の流れ（14 大阪 B グループ／部分）】

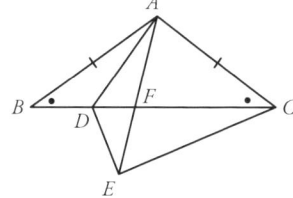   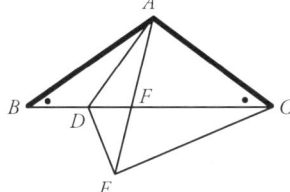

等しい 2 辺に縦線 | を描く　　　　等しい 2 辺を太線で塗る
　　　示し方　　　　　　　　　　　　示し方

△ABC は二等辺三角形なので底角は等しく ∠ABC = ∠ACB…①。以下、→ pp. 62、63 の証明に続く（「二等辺」を示す場合、左図のように辺の途中に | を描くのが通例であるが、右図のように太線で塗って示しても良い。線が複雑にまじりあい「辺」の範囲が示しにくい場合などは太線のほうがわかりやすい）。

21

● 平行四辺形の性質（→ p. 8 の 2 参照）

─ 16 兵庫 ─

2 つの正三角形 △ABC と △DEF がある。点 A が辺 FE 上、点 D が辺 BC 上にあり、FE∥BC となるように △ABC と △DEF を重ね、3 点 A、F、D を通る円を描いた。四角形 FDCA が平行四辺形であることを次のように証明した。(i)〜(iii) にあてはまるものを、選択肢から 1 つずつ選べ。

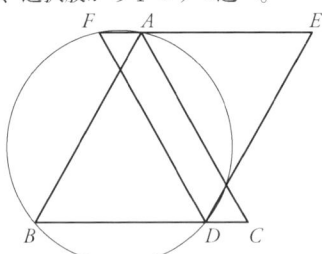

【証明】仮定から、FA∥DC…①。平行線の (i) は等しいので、①から ∠AFD = ∠FDB = 60°…②。②と ∠ACB = 60° より、∠FDB = ∠ACB…③。③より、(ii) が等しいので、FD∥AC…④。①④より、(iii) から、四角形 FDCA は平行四辺形である。

【選択肢】ア：対頂角　イ：同位角　ウ：錯角
エ：2 組の対辺がそれぞれ平行である　オ：2 組の対辺がそれぞれ等しい
カ：2 組の対角がそれぞれ等しい　キ：1 組の対辺が平行でその長さが等しい

【解答（16 兵庫）】
(i):ウ　(ii):イ　(iii):エ

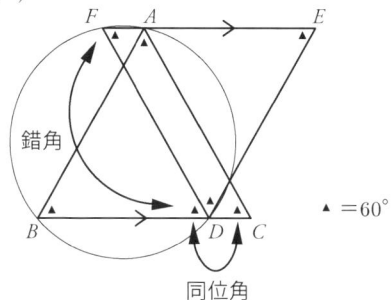

【証明】仮定から、$FA // DC$ …①。平行線の錯角（(i) の答ウ）は等しいので、①から $\angle AFD = \angle FDB = 60°$ …②。②と $\angle ACB = 60°$ より、$\angle FDB = \angle ACB$ …③。③より、同位角（(ii) の答イ）が等しいので、$FD // AC$（→ p. 6 の 6）…④。①④より、2 組の対辺がそれぞれ平行である（(iii) の答エ）から、四角形 $FDCA$ は平行四辺形である。

【中学の教科書の証明と本書での証明の記述の違いについて】

上記の証明は中学の教科書では次のように記述される。

　　　仮定から、
　　　$FD // DC$ …①
　　　平行線の錯角は等しいので、①から、
　　　$\angle AFD = \angle FDB = 60°$ …②
　　　②と $\angle ACB = 60°$ より、
　　　$\angle FDB = \angle ACB$ …③
　　　③より、同位角は等しいので、
　　　$FD // AC$ …④
　　　①④より、2 組の対辺がそれぞれ等しいから、
　　　四角形 $FDCA$ は平行四辺形である。

中学の教科書では、証明の各項目の終わりを「。」とはせず、文章部分と記号の等式部分の改行を繰り返し、日本語文章の終わり部分のみ「。」を使っている。本書では狭いスペースに多くの証明問題を入れていくため、改行の代わりに「。」を多用したが、入試などでは教科書的な記述をしたほうがよりよいだろう。ただし、入試では記述の方法は関係なく証明の論理が合っていたら正解とされるので記述方式の違いはあまり気にしなくてよい。

●平行線の内側で向かい合う相似三角形 1（→ p. 12 参照）

┌─ 16 大阪 A グループ／部分 ─────────────────────

$\triangle ABC$ は $\angle ABC = 90°$ の直角二等辺三角形であり、$\triangle DCE$ は $\angle CDE = 90°$ の直角二等辺三角形である。3 点 B、C、E はこの順に一直線上にあり、A、D は直線 BE について同じ側にある。このとき、$AC \mathbin{/\mkern-5mu/} DE$ である。A と E を結ぶ。F は線分 AE と辺 CD の交点である。以下は、$\triangle ACF \backsim \triangle EDF$ であることの証明である。a, b に入れるのに適している「角を表す文字」をそれぞれ書き、c には【ア～ウ】から適しているものを選べ。

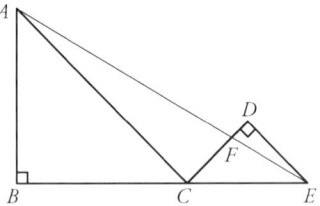

【証明】$\triangle ACF$ と $\triangle EDF$ で、対頂角は等しいから、$\angle AFC = \angle a$ ……①。$AC \mathbin{/\mkern-5mu/} DE$ であり、平行線の錯角は等しいから $\angle FAC = \angle b$ ……②。①②より、c【ア:1 組の辺とその両端の角　イ:2 組の辺の比とその間の角　ウ:2 組の角】がそれぞれ等しいから $\triangle ACF \backsim \triangle EDF$。

└──────────────────────────────

┌─ 14 大阪 A グループ／部分 ─────────────────────

$\triangle ABC$ は $AC = BC$ の二等辺三角形であり、頂角 $\angle ACB$ は鈍角である。D は、A から直線 BC にひいた垂線と直線 BC との交点である。E は BC 上で B、C とは異なる点である。F は B を通り直線 AD に平行な直線と直線 AE との交点である。$\triangle BFE \backsim \triangle DAE$ を証明せよ。

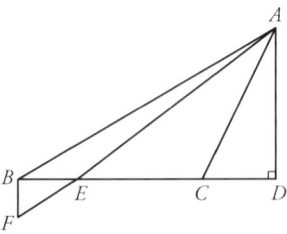

└──────────────────────────────

【解答（16 大阪 A グループ／部分）】
a: EFD　b: FED　c: ウ

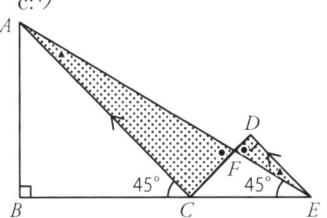

【証明】△ACF と △EDF で、対頂角は等しいから、∠AFC = ∠EFD（●、a の答）…①。直角二等辺三角形の鋭角なので ∠ACB = ∠DEC = 45°。同位角が等しいので AC // DE。AC // DE であり、平行線の錯角は等しいから、∠FAC = ∠FED（▲、b の答）…②。①②より、2 組の角（c の答ウ）がそれぞれ等しいから △ACF ∽ △EDF。

【解答（14 大阪 A グループ／部分）】

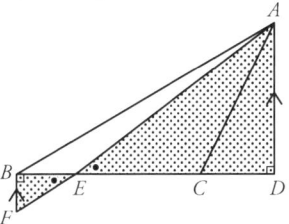

【証明】△BFE と △DAE で対頂角なので、∠BEF = ∠DEA（●）…①。仮定より AD // BF であり、平行線の錯角は等しいので、∠FBE = ∠ADE = 90°…②。①②より 2 組の角がそれぞれ等しいので △BFE ∽ △DAE。

●平行線の内側で向かい合う相似三角形2（→ p. 12 参照）

─ 16 東京／部分 ─────────────────────────

四角形 ABCD は平行四辺形である。点 P は、辺 AB 上にある点で、頂点 A、頂点 B のいずれにも一致しない。頂点 A と頂点 C を結んだ線分と、頂点 D と点 P を結んだ線分との交点を Q とする。また頂点 C と点 P を結び、頂点 A を通り線分 CP と平行な直線を引き、線分 DP との交点を R、辺 CD との交点を S とした場合を表している。このとき、△AQR ∽ △CQP であることを証明せよ。

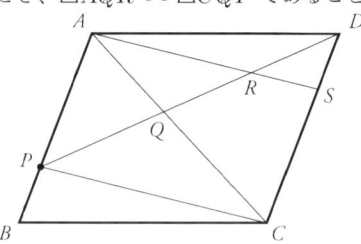

─ 14 東京／部分 ─────────────────────────

図1で、△ABC は正三角形である。点 P は、辺 BC 上にある点で、頂点 B、頂点 C のいずれにも一致しない。頂点 A と点 P を結ぶ。点 P から辺 AC に引いた垂線と、辺 AC のと交点を Q とする。

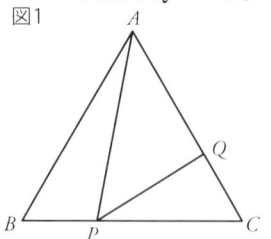
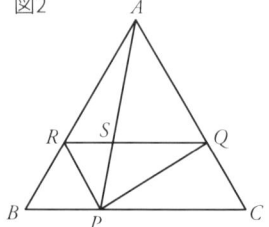

問1　図1で ∠BAP の大きさを α° とするとき、∠APQ の大きさを α を用いた式で表せ。

問2　図2は、図1で点 P を通り辺 AC に平行な直線をひき、辺 AB との交点を R とし、また点 Q と点 R を結び、線分 AP と線分 QR の交点を S とした場合を表している。△PSR ∽ △ASQ であることを証明せよ。

【解答（16 東京／部分）】

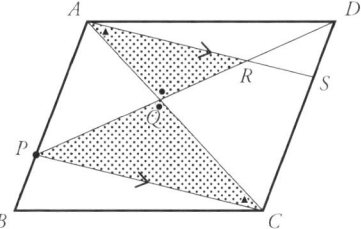

【証明】△AQR と △CQP で対頂角なので ∠AQR = ∠CQP…①。AS∥PC で平行線の錯角なので ∠QAR = ∠QCP…②。2 組の角がそれぞれ等しいので △AQR ∽ △CQP。

【解答（14 東京／部分）】
問1：$(\alpha+30)°$　問2：以下

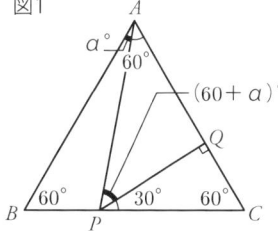
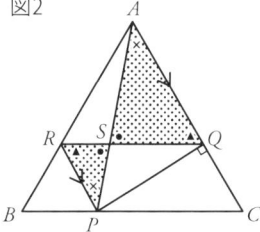

問1：正三角形の角はそれぞれ 60°。図1の △ABP で、2 つの内角の和は隣り合わない外角と同じなので、∠APC = ∠ABP + ∠BAP = 60° + α°。△PQC で ∠PQC = 90°、∠QCP = 60° なので ∠QPC = 180° − 30° − 90° = 30°。∠APQ = ∠APC − ∠QPC = (60° + α°) − 30° = (α + 30)°。
問2：【証明】△PSR と △ASQ で ∠PSR と ∠ASQ は ∠PSR = ∠ASQ（●）…①。RP∥AQ で錯角なので、∠SRP = ∠SQA（▲）（あるいは ∠SPR = ∠SAQ（×））…②。①②より 2 組の角がそれぞれ等しいので、△PSR ∽ △ASQ。

● 三角形の相似の証明1（→ p. 12 参照）

― 15 千葉後期／部分 ―

a、b、c に入る最も適当なものを、下の選択肢の中から1つずつ選べ。また、d には証明の続きを書き、証明を完成させよ。ただし、①〜⑥に示されている関係を使う場合、番号①〜⑥を用いてよい。

$AD \parallel BC$、$AB = BC$、$AB = 2AD$ である台形 $ABCD$ がある。辺 AB の中点を P、線分 AC と線分 BD の交点を Q とし、点 P と点 Q を結ぶ。以下は $\triangle PAQ \backsim \triangle BCQ$ となることの証明を途中まで示したものである。

【証明】$\triangle PAQ$ と $\triangle DAQ$ で、仮定より $PA = DA$ …①。$\triangle BAC$ は $BA = BC$ の二等辺三角形だから $\angle PAQ = a$ …②。平行線の b は等しいから、$AD \parallel BC$ より、$\angle DAQ = a$ …③。①③より、$\angle PAQ = \angle DAQ$ …④。また、$AQ = AQ$（共通）…⑤。①④⑤より c がそれぞれ等しいので、$\triangle PAQ \equiv \triangle DAQ$ …⑥。（証明の続き→d）

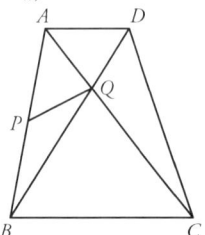 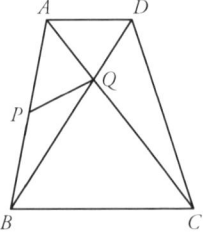

（入試問題には同じ図が2つ掲載された）

【選択肢】ア：$\angle DQA$　イ：$\angle BCQ$　ウ：$\angle CBQ$　エ：底角　オ：同位角
カ：錯角　キ：3辺　ク：2辺とその間の角　ケ：1辺とその両端の角

【解答（15 千葉後期／部分）】
a：イ　b：カ　c：ク　d：下記
問題に図が2つあることを活用し、左図に前半の証明（$\triangle PAQ \equiv \triangle DAQ$）、右図を後半の証明（$\triangle PAQ \backsim \triangle BCQ$）に必要な角などを記号で描きこんでいく。
　　$\triangle PAQ \equiv \triangle DAQ$の証明　　　　　　　　$\triangle PAQ \backsim \triangle BCQ$の証明

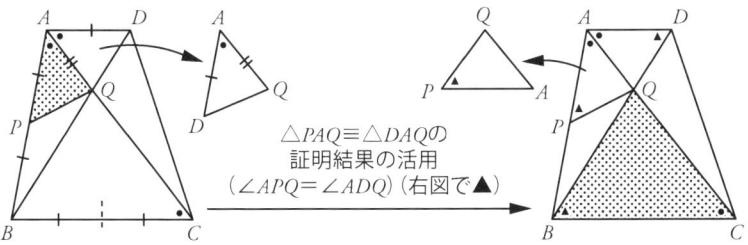

【$\triangle PAQ \equiv \triangle DAQ$の証明】
両者は隣りあっていて向きも違うので、$\triangle PAQ$を黒塗りし、$\triangle DAQ$を$\triangle PAQ$と同じ向きにして図外に描くと見やすくなる。また図の中の同じ長さの線分に｜を付けておく。$\triangle PAQ$と$\triangle DAQ$で、PはABの中点で、$AB = 2PA = 2AD$なので$PA = DA$…①。$\triangle BAC$は$BA = BC$の二等辺三角形だから、底角は等しく、$\angle PAQ = \angle BCQ$（a答イ、図の●）…②。平行線の錯角（bの答はカ）は等しいから、$AD \mathbin{/\mkern-5mu/} BC$より、$\angle DAQ = \angle BCQ$（●）（$a$の答イ）…③。②③より、$\angle PAQ = \angle DAQ$…④。また$AQ = AQ$（共通）…⑤、①④⑤より、2辺とその間の角（$c$答ク）がそれぞれ等しいので$\triangle PAQ \equiv \triangle DAQ$…⑥。

【証明の続き（$\triangle PAQ \backsim \triangle BCQ$の証明）】（$d$の答）
　（$\triangle PAQ \equiv \triangle DAQ$を証明したことでわかる$\angle QPA = \angle QDA$、右図では▲を活用して証明する。右図では後半で証明すべき$\triangle BCQ$を黒塗りし、$\triangle PAQ$を$\triangle BCQ$と同じ向きになるように図の外に抜書きし見やすくした）
⑥より、$\angle QPA = \angle QDA$（▲）…⑦。平行線の錯角は等しいので、$\angle QDA = \angle QBC$（▲）…⑧。⑦⑧より$\angle QPA = \angle QBC$…⑨。②⑨より、2組の角がそれぞれ等しいので、$\triangle PAQ \backsim \triangle BCQ$。

●三角形の相似の証明 2（→ p. 12 参照）

16 大阪 B グループ

$\triangle ABC$ は $\angle ABC = 90°$ の直角二等辺三角形であり、$\triangle CDE$ は $\angle CDE = 90°$ の直角二等辺三角形である。3 点 B、C、E はこの順に一直線上にあり、A、D は直線 BE について同じ側にある。A と E、B と D とをそれぞれ結ぶ。F は、線分 AE と辺 CD の交点である。$\triangle ACE \backsim \triangle BCD$ であることを証明せよ。

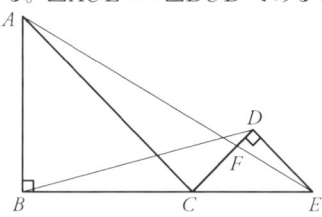

証明問題に慣れて解くヒント 1：合同、相似の辺、角度表現は対応順を守ろう

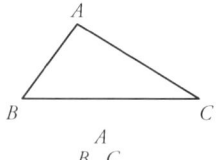
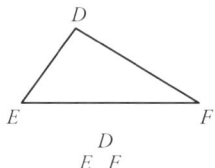

合同や相似の三角形を表現するときは、単に 2 つの三角形を $\equiv$、$\backsim$ で結べばよいということではない。上図で $\triangle ABC \equiv \triangle EDF$ と書くのはよくない。$\triangle ABC \equiv \triangle DEF$ のように対応の順序を守ったほうがよい。角度（$\angle ABC = \angle DEF$）や線分（$AB = DE$）表現でも同様である。記号の対応の順序を守るために次のような方法を使ってみるとよい。①（合同、相似を証明する三角形どうしが重なりあっている図の問題の場合は）1 つの三角形を斜線で塗り、もう 1 つの三角形を図外に斜線を引いた三角形と同じ向きになるように描く。②記号順だけを正三角形のように配置したものを余白に書き、それで対応や順番を確認しながら記述する。

【解答（16 大阪 B グループ／部分）】

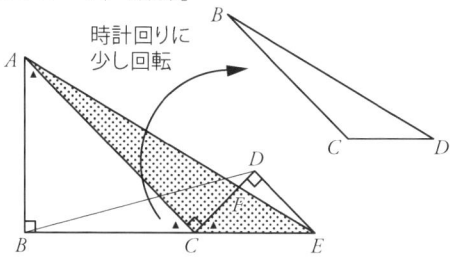

【証明】△ACE と △BCD で、△ABC と △CDE は直角二等辺三角形なので、直角以外の 2 角は 45°。∠BAC = ∠BCA = ∠DCE = ∠DEC = 45°…①。①より ∠ACE = ∠BCE − ∠BCA = 180° − 45° = 135°。∠BCD = ∠BCE − ∠DCE = 180° − 45° = 135°。よって ∠ACE = ∠BCD…②。直角二等辺三角形の斜辺と直角をはさむ辺の辺比から、$AC:BC = \sqrt{2}:1$…③。$CE:CD = \sqrt{2}:1$…④。②より $AC:BC = CE:CD$…⑤。②⑤より、2 組の辺の比が等しく、そのはさむ角が等しいので △ACE ∽ △BCD。

●三角形の合同の証明（→ p. 10 参照）

---
14 愛知Bグループ

線分 AB と線分 CD は点 O で交わる。$AO = BO$、$CO = DO$ ならば、$AC /\!/ DB$ であることを証明したい。 $\boxed{\text{I}}$ 、$\boxed{\text{II}}$ 、$\boxed{\text{III}}$ にあてはまるものを選択肢から選べ。

【証明】$\triangle AOC$ と $\triangle BOD$ で、仮定より、$AO = BO$…①。$CO = DO$…②。$\boxed{\text{I}}$ は等しいから、$\angle AOC = \angle BOD$…③。①②③から $\boxed{\text{II}}$ がそれぞれ等しいので、$\triangle AOC \equiv \triangle BOD$。合同な図形では、対応する角の大きさは等しいので、$\angle ACO = \angle BDO$。2つの直線に1つの直線が交わるとき、$\boxed{\text{III}}$ が等しいならば、この2つの直線は平行だから、$AC /\!/ DB$。

【選択肢】ア：同位角　イ：錯角　ウ：対頂角　エ：1組の辺とその両端の角　オ：2組の辺とその間の角　カ：2組の辺と1組の角

---

16 千葉後期／部分

正三角形 ABC があり、辺 AC 上に2点 A、C と異なる点 D をとり、図のように線分 CD を一辺とする正三角形 CDE をつくる。線分 ED の延長線と辺 AB の交点を F とし、図のように線分 CF を一辺とする正三角形 CFG をつくる。$\triangle ECF \equiv \triangle AGC$ となることの証明を、以下に途中まで示してある。a、b に入る最も適当なものを、選択肢から選び c には証明の続きを完成させよ。ただし、①〜⑤に示されている関係を使う場合、番号の①〜⑤を用いてもかまわない。

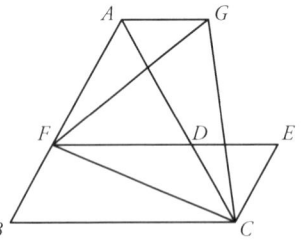 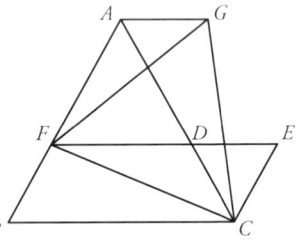

（入試問題には同じ図が2つ掲載された）

【証明】四角形 $FBCE$ で、正三角形の角はすべて $60°$ であるから、$\angle FBC = a = 60°$…①。$\angle BCE = 60° + 60° = 120°$…②。①②より $\angle BFE = 360° - (60° + 60° + 120°) = 120°$…③。①③より、2組の向かい合う b から、四角形 $FBCE$ は平行四辺形である。したがって、$BC = EF$…④。平行線の錯角は等しいので $\angle BCF = \angle EFC$…⑤。（→証明の続き c）

【選択肢】ア：$\angle CEF$　イ：$\angle BFC$　ウ：$\angle GFD$　エ：辺がそれぞれ平行である　オ：角がそれぞれ等しい　カ：辺がそれぞれ等しい

【解答（14 愛知 B グループ）】

　Ⅰ：ウ　　Ⅱ：オ　　Ⅲ：イ

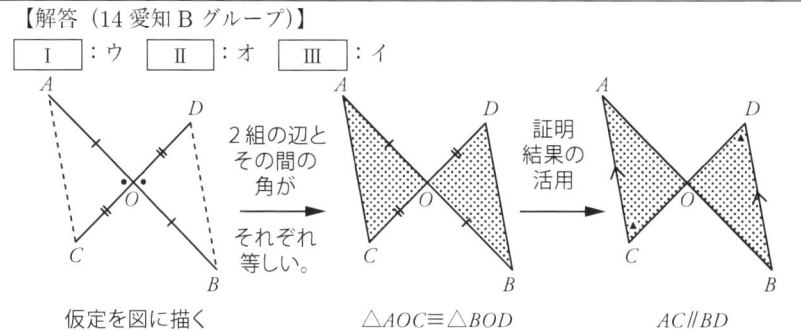

仮定を図に描く　　　　△AOC≡△BOD　　　　AC∥BD

【証明】△AOC と △BOD で、仮定より、$AO = BO$…①。$CO = DO$…②。対頂角（Ⅰの答ウ）は等しいから、$\angle AOC = \angle BOD$（図の●）…③。①②③から 2 組の辺とその間の角（Ⅱの答オ）がそれぞれ等しいので、△AOC ≡ △BOD。合同な図形では、対応する角の大きさは等しいので、$\angle ACO = \angle BDO$（図の▲）。2 つの直線に 1 つの直線が交わるとき、錯角（Ⅲの答イ）が等しいならば、この 2 つの直線は平行だから、$AC \mathbin{/\mkern-3mu/} DB$。

【解答（16 千葉後期／部分）】

a:ア　b:オ　c:以下

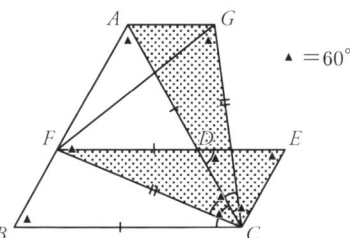

▲ = 60°

【証明】四角形 $FBCE$ で、正三角形の角はすべて 60° であるから、$\angle FBC = \angle CEF$（a の答ア）$= 60°$…①。$\angle BCE = 60° + 60° = 120°$…②。①②より $\angle BFE = 360° - (60° + 60° + 120°) = 120°$…③。①③より、2 組の向かい合う角がそれぞれ等しい（b の答オ）から、四角形 $FBCE$ は平行四辺形である。したがって、$BC = EF$…④。平行線の錯角は等しいので $\angle BCF = \angle EFC$…⑤。（以下 c の答）$\angle ACB$ は正三角形 ABC の頂点なので、$\angle BCF = \angle ACB - \angle ACF = 60° - \angle ACF$…⑥。$\angle GCF$ は正三角形 GCF の頂点なので、$\angle ACG = \angle GCF - \angle ACF = 60° - \angle ACF$…⑦。⑥⑦より $\angle BCF = \angle ACG$…⑧。⑤⑧より $\angle EFC = \angle ACG$…⑨。正三角形 ABC の辺なので $BC = AC$…⑩、④⑩より $EF = AC$…⑪。正三角形 FCG の辺なので $CF = GC$…⑫。△ECF と △AGC で、⑨⑪⑫より、2 辺とその間の角がそれぞれ等しいので、△ECF ≡ △AGC。

●頂点に2直角が重なった図形の合同の証明1（→ p. 10 参照）

― 14 愛知 A グループ ―

正方形 $AEFG$ は、正方形 $ABCD$ を、頂点 A を回転の中心として、時計の針の回転と同じ向きに回転移動したものである。また、P、Q はそれぞれ線分 DE と辺 AG、AB との交点である。このとき、$AP = AQ$ となることを次のように証明したい。$\boxed{I}$、$\boxed{II}$ の解答を、選択肢から選べ。また a の数を答えよ。

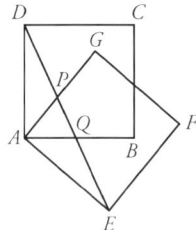

【証明】$\triangle ADP$ と $\triangle AEQ$ で、AD と AE は同じ大きさの正方形の辺なので、$AD = AE$ …①。①から、$\triangle AED$ は二等辺三角形なので $\angle ADP = \boxed{I}$ …②。また $\angle PAD = a° - \angle PAQ$、$\angle QAE = a° - \angle PAQ$ より、$\angle PAD = \angle QAE$ …③。①②③から、$\boxed{II}$ ので、$\triangle ADP \equiv \triangle AEQ$。よって、$AP = AQ$。

【選択肢】ア：$\angle AQE$　イ：$\angle AEQ$　ウ：$\angle EAQ$
エ：1組の辺とその両端の角が、それぞれ等しい
オ：2組の辺とその間の角が、それぞれ等しい　カ：2組の角がそれぞれ等しい

証明問題に慣れて解くヒント2：出題図はわざと正確でない図の場合もある

図形の問題で出題者が暗黙の前提にしていることがある。その1つは図は完全に正確に描かなくてもよいということである。なぜかというと完全に正確な図ばかりを描くと、証明の中身がわかっていなくても、正確な図読みだけで解けてしまう人がいる。また証明に付随して角度や長さを求める問題では、実際に「測って」答えを出そうとする人がいるかもしれない。よって、問題の図は正方形といいながら微妙に縦横の長さの異なる長方形であったり、円といいながら実際は少しつぶれた円（だ円）であったりすることもある。決して「測ろう」とはせず、考え方で正解にたどり着けるようにしよう。

【解答（14 愛知 A グループ）】
　　I ：イ　　II ：エ　　$a : 90$
【解説】$AP = AQ$ を証明するために、それを辺として含む三角形ペアの合同（$\triangle ADP \equiv \triangle AEQ$）を証明すればよいと書いてあるので、その流れにそって考えていけばよい。$\triangle AEQ$ を塗り、$\triangle ADP$ は $\triangle AEQ$ と同じ向きになるように図外に描いて考える。また証明に使う同じ長さとわかる正方形の辺 AE と AD を太線にし、$\triangle AED$ が二等辺三角形で、その底角（図の×）が等しいことをわかりやすいようにする。実は図外に描かなくても、紙を回転させ、A を上の位置にして見ると、$\triangle AED$ が二等辺三角形であり、$\triangle ADP \equiv \triangle AEQ$ の関係であることが左右対称で見やすくなるので、紙の向きを自由に変えて見て考えてみるのもよい。

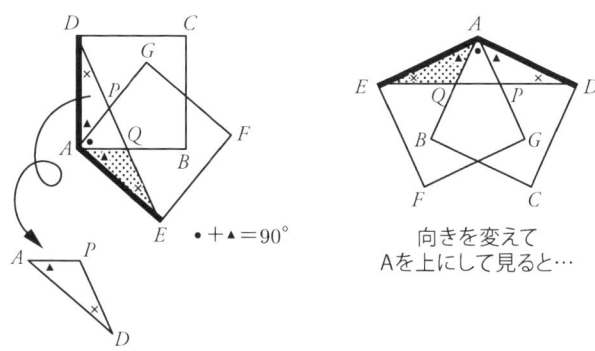

同じ角の2つの紙が一部重なった場合、重なり部分からはみ出た両端は同じ角度になる。この場合角 $\angle DAP = \angle EAP = 90°$（正方形の角）で重なり部分が $\angle QAP$（図の×）。$\angle PAD$、$\angle QAE$（▲）が両端のはみ出し部分となり、$\angle PAD = \angle QAE$。$\angle DAQ = \angle EAP = ▲ + ● = 90°$ となる。

【証明】$\triangle ADP$ と $\triangle AEQ$ で、AD と AE は同じ大きさの正方形の辺なので、$AD = AE$（図の太線）…①。①から、$\triangle AED$ は二等辺三角形なので（その底角は等しく）$\angle ADP = \angle AEQ$（I の答 イ）…②。また $\angle PAD = 90$（a の答）$° - \angle PAQ$、$\angle QAE = 90$（a の答）$° - \angle PAQ$ より、$\angle PAD = \angle QAE$…③。①②③から、1組の辺とその両端の角が、それぞれ等しい（II の答 エ）ので、$\triangle ADP \equiv \triangle AEQ$ よって $AP = AQ$。

●頂点に 2 直角が重なった図形の合同の証明 2（→ p. 10 参照）

─ 16 愛知 A グループ ─

△ABC は、∠BAC = 90° の直角二等辺三角形である。D は ∠ABC の二等分線上の点で、AD∥BC である。H は辺 BC 上の点で、AH ⊥ BC であり、E、F はそれぞれ線分 DB と AC、AH との交点である。このとき、△ABF と △ADE が合同であることを次のように証明したい。 I 、 II 、 III にあてはまる最も適当なものを、選択肢から選べ。

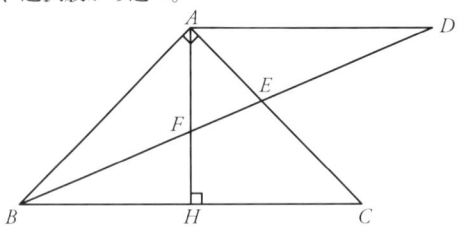

【証明】△ABF と △ADE で、BD は ∠ABC の二等分線なので、∠ABF = I …①。AD∥BC より、錯角は等しいから ∠ADE = I …②。①より、∠ABF = ∠ADE…③。よって、△ABD は二等辺三角形となるので、AB = AD…④。また、∠BAF = 90°− II …⑤。AD∥BC より、錯角は等しいから ∠DAF = ∠BHF = 90° となるので、∠DAE = 90°− II …⑥。⑤⑥より、∠BAF = ∠DAE…⑦。③④⑦より、△ABF と △ADE は、(III) が、それぞれ等しいので、△ABF ≡ △ADE。

【選択肢】ア：∠FAD　イ：∠FAE　ウ：∠FEA　エ：∠FBH　オ：∠FHB
カ：∠FEC　キ：1 組の辺とその両端の角　ク：2 組の辺とその間の角
ケ：3 組の辺

─ 16 埼玉 ─

長方形 ABCD で、点 C が A に重なるように折ったとき、折り目の線を EF とし、点 D の移った点を G とする。BF = GE であることを証明せよ。

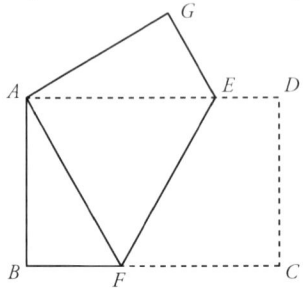

【解答（16 愛知 A グループ）】

I ：エ　II ：イ　III ：キ

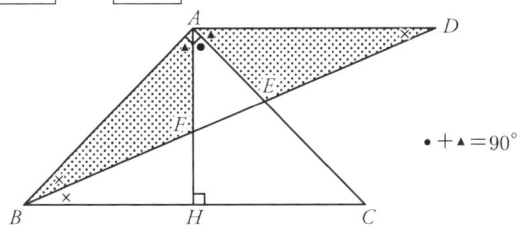

【証明】△ABF と △ADE で、BD は ∠ABC の二等分線なので、∠ABF = ∠FBH（ I の答エ）…①。AD ∥ BC より、錯角は等しいから ∠ADE = ∠FBH（ I の答エ）…②。①②より、∠ABF = ∠ADE…③。よって、△ABD は二等辺三角形となるので、AB = AD…④。また、∠BAF = 90° − ∠FAE（ II の答イ）…⑤。AD ∥ BC より、錯角は等しいから、∠DAF = ∠BHF = 90° となるので、∠DAE = 90° − ∠FAE（ II の答イ）…⑥。⑤⑥より、∠BAF = ∠DAE…⑦。②⑦より、△ABF と △ADE は、1組の辺とその両端の角（ III の答キ）が、それぞれ等しいので、△ABF ≡ △ADE。

【解答（16 埼玉）】

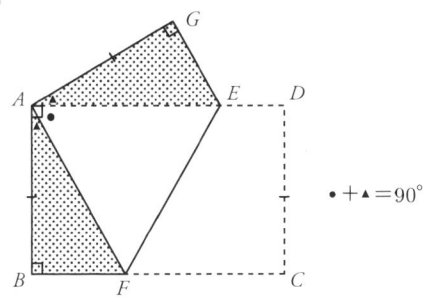

【証明】△ABF と △AGE で、長方形の対辺とその折り返しなので AB = DC = AG…①。長方形の内角なので ∠ABF = ∠AGE = 90°…②。∠EAB は長方形の内角、∠GAF も長方形の内角 ∠DCF の折り返しなので 90°。∠BAF = ∠EAB − ∠FAE = 90° − ∠FAE…③。∠GAE = ∠GAF − ∠FAE = 90° − ∠FAE…④。②より ∠BAF = ∠GAE…⑤。③①②⑤より、1組の辺とその両端の角がそれぞれ等しいので △ABF ≡ △AGE。よって BF = GE。

●直角三角形の合同の証明（→ p. 10 参照）

---15 大阪 A グループ／部分---

正方形 $ABCD$ で E は辺 BC 上にあって B、C と異なる点である。A と E を結ぶ。F は、B から線分 AE にひいた垂線と線分 AE との交点である。G は D から線分 AE にひいた垂線と線分 AE との交点である。$\triangle ABF \equiv \triangle DAG$ を証明せよ。

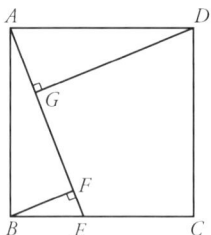

---15 愛知 B グループ---

$AB = AC$ である直角二等辺三角形 ABC の頂点 A を通る直線に、頂点 B、C からそれぞれ垂線 BD、CE をひく。このとき、$BD + CE = DE$ であることを次のように証明したい。a、b にあてはまる数をそれぞれ書け。また $\boxed{\text{I}}$、$\boxed{\text{II}}$、$\boxed{\text{III}}$ の答の組み合わせを選択肢から選べ。

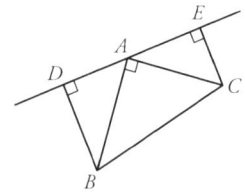

【証明】$\triangle ADB$ と $\triangle CEA$ で、仮定より $\angle ADB = \angle CEA = 90°\cdots$①。$AB = CA \cdots$②。また、$\angle ABD = a° - \boxed{\text{I}} \cdots$③。$\angle CAE = b° - \angle BAC - \boxed{\text{I}} = a° - \boxed{\text{I}} \cdots$④。③④より $\angle ABD = \angle CAE\cdots$⑤。①②⑤から、直角三角形の斜辺と 1 つの鋭角がそれぞれ等しいので、$\triangle ADB \equiv \triangle CEA$。合同な図形では、対応する辺の長さは等しいので、$BD = \boxed{\text{II}}$、$\boxed{\text{III}} = CE$。よって $BD + CE = \boxed{\text{II}} + \boxed{\text{III}} = DE$。

【選択肢】ア： $\boxed{\text{I}}$ BAD $\boxed{\text{II}}$ AD $\boxed{\text{III}}$ AE
イ： $\boxed{\text{I}}$ ADB $\boxed{\text{II}}$ AE $\boxed{\text{III}}$ AD
ウ： $\boxed{\text{I}}$ BAD $\boxed{\text{II}}$ AE $\boxed{\text{III}}$ AD
エ： $\boxed{\text{I}}$ ADB $\boxed{\text{II}}$ AD $\boxed{\text{III}}$ AE

【解答（15 大阪 A グループ／部分）】

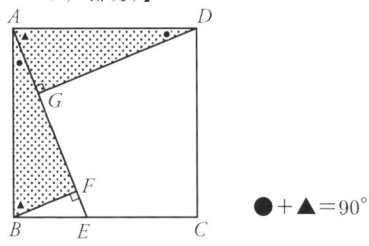

●＋▲＝90°

【証明】△ABF と △DAG で仮定より ∠AFB = ∠DGA = 90°…①。正方形の辺だから AB = DA…②。直角三角形 ABF で 2 鋭角の和は 90° なので ∠ABF（▲）= 90° − ∠BAF（●）…③。∠BAF（●）+ ∠DAG = ∠BAD = 90°。∠DAG = 90° − ∠BAF（●）…④。③④より、∠ABF = ∠DAG（▲）…⑤。②⑤より、直角三角形の斜辺と1組の角がそれぞれ等しいので △ABF ≡ △DAG。

【解答（15 愛知 B グループ）】

a：90 b：180 [Ⅰ] [Ⅱ] [Ⅲ] の組み合わせ：ウ

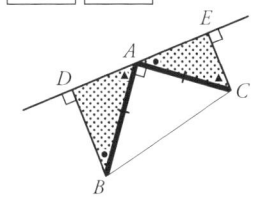

●＋▲＝90°

合同を証明する直角三角形ペアを図のように塗って強調し、同じ鋭角を●、▲で示す。●＋▲＝90° となる。（→ pp. 6, 7 参照）（以下証明で説明のため●▲を記入した。試験答案には書かないようにしよう。）

【証明】△ADB と △CEA で、仮定より ∠ADB = ∠CEA = 90°…①。（△ABC は直角二等辺三角形なので）AB = CA…②。また、（直角三角形の 2 鋭角の和は 90° なので）∠ABD（●）= 90（a の答）° − ∠BAD（[Ⅰ]の答）（▲）…③。∠CAE = 180（b の答）° − ∠BAC − ∠BAD（[Ⅰ]の答）（▲）…④。= 90（a の答）° − ∠BAD（[Ⅰ]の答）（▲）②③より ∠ABD = ∠CAE（●）…⑤。①②⑤から、直角三角形の斜辺と1つの鋭角がそれぞれ等しいので、△ADB ≡ △CEA。合同な図形では、対応する辺の長さは等しいので、BD = AE（[Ⅱ]の答）、AD（[Ⅲ]の答）= CE。よって BD + CE = AE + AD = DE（[Ⅰ]：BAD、[Ⅱ]：AE、[Ⅲ]：AD なので答はウ）。

●直角三角形の斜辺への垂線でできる鋭角の関係1（→ p. 12 参照）

14 千葉前期／部分

$AB = 2$cm、$AD = 4$cm の長方形 $ABCD$ がある。図のように、辺 BC 上に 2 点 B、C と異なる点 E を、$BE = 1$cm となるようにとる。また、線分 AE と線分 BD の交点を F とする。$\triangle ABF \backsim \triangle BEF$ となることを以下に途中まで示してある。

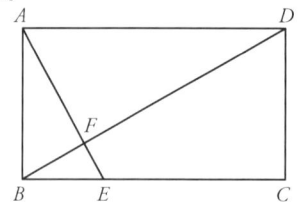

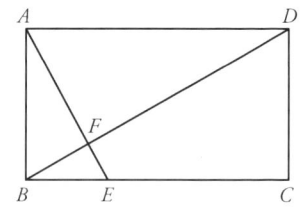

（入試問題には同じ図が2つ掲載された）

【証明】$\triangle ABE$ と $\triangle BCD$ で、仮定から、$AB:BC = 1:2$…①。$BE:a = 1:2$…②。$\angle ABE = \angle BCD = 90°$…③。①②③より、$b$ が、それぞれ等しいので、$\triangle ABE \backsim \triangle BCD$…④。（証明続き→ c）
a、b に入る最も適当なものを下の選択肢からそれぞれ1つずつ選べ。また、c には証明の続きを書き、証明を完成させよ。ただし、①～④の関係を使う場合、番号の①～④を用いてもかまわない。
【選択肢】ア：BD　イ：AE　ウ：CD　エ：3組の辺の比
オ：2組の辺の比とその間の角　カ：2組の角

証明問題に慣れて解くヒント3：三角定規4セットで遊んでみよう

三角定規を4セット買ってそれを組み合わせると、ほとんどの種類の四角形ができる（→姉妹書「三角形」p. 6）。三角定規の三角形をいろいろな角度で組み合わせてその形をイメージすることも証明問題に慣れていくコツの1つである。1セットでは多彩な組み合わせができないので2～4セットで遊ぶとよい。上記問題の三角形の重ね合わせも三角定規2セットでできる。

【解答（14 千葉前期／部分）】
a：ウ　b：オ　c：以下
【解説】問題に図が2つあることを活用し、左図に前半（$\triangle ABE \backsim \triangle BCD$）、右図に後半（$\triangle ABF \backsim \triangle BEF$）の証明に必要な角などを記号で書き込んで考える。

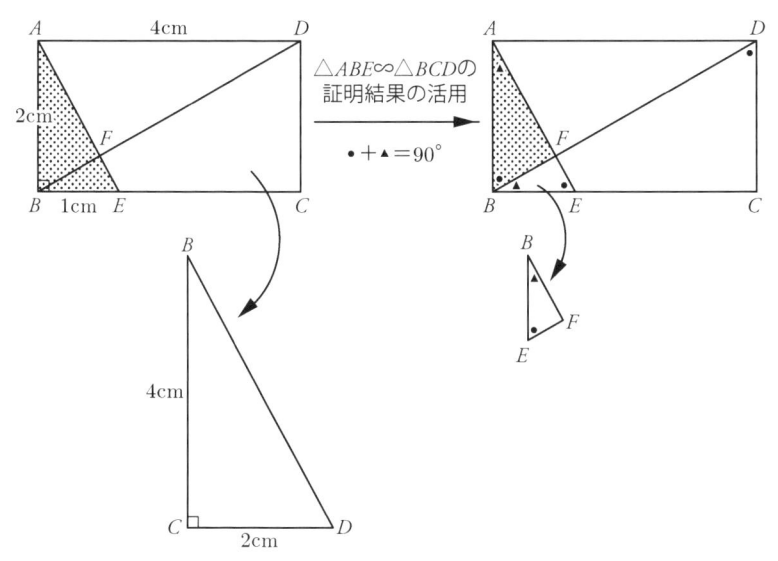

$\triangle ABE \backsim \triangle BCD$ の証明　　　　　　　　　　　$\triangle ABF \backsim \triangle BEF$ の証明

【$\triangle ABE \backsim \triangle BCD$ の証明】
左図で、重なっているので $\triangle ABE$ は塗り、$\triangle BCD$ は $\triangle ABE$ と同じ向きになるように外に書き出すと見やすくなる。$\triangle ABE$ と $\triangle BCD$ で、仮定から $AB:BC=2:4=1:2\cdots$①。$BE:CD$（a の答ウ）$=1:2\cdots$②、$\angle ABE=\angle BCD=90°\cdots$③。①②③より、2組の辺の比とその間の角（$b$ の答オ）がそれぞれ等しいので、$\triangle ABE \backsim \triangle BCD \cdots$④。
$\triangle ABE \backsim \triangle BCD$ を証明した結果、直角以外の2鋭角も同じとわかり、$\angle BAE=\angle CBD=▲$、$\angle AEB=\angle BDC=●$とし、右図に書き込む。●▲を図中で確認しながら証明を進める。このとき ▲+●=90° であることも意識するとよい。
【証明の続き（$\triangle ABF \backsim \triangle BEF$ の証明）】（c の答）（●▲は説明のため記入。試験答案には書かないこと）
$\triangle ABF$ と $\triangle BEF$ で、④より $\angle BAF=\angle EBF(\angle CBD)$（▲）$\cdots$⑤。$\angle BEF=\angle BDC$（●）$\cdots$⑥。長方形 $ABCD$ の対辺は平行なので $AB/\!/DC$、平行線の錯角より $\angle BDC=\angle ABF\cdots$⑦。⑥⑦より $\angle ABF=\angle BEF$（●）$\cdots$⑧。⑤⑧より2組の角がそれぞれ等しいので、$\triangle ABF \backsim \triangle BEF$。

●直角三角形の斜辺への垂線でできる鋭角の関係2（→ p. 12参照）

---14 埼玉／部分---------------------------------

正方形 $ABCD$ を、次の①～③のように折る。
(1) 図1のように、辺 AB が辺 DC と重なるように折り、折り目の線を EF とし、もとに戻す。
(2) 図2のように、点 A を通る線分を折り目として、点 D が線分 EF 上に重なるように折り、点 D の移った点を G とする。折り目の線と辺 DC との交点を H とし、もとに戻す。
(3) 図3のように、点 D を通る線分を折り目として、点 A が線分 EF 上に重なるように折ったとき、点 A は点 G に重なる。また、折り目の線と辺 AB の交点を I として戻す。

図4のように、直線 AG を書き、辺 BC との交点を J とする。また、線分 ID を書き、線分 AJ との交点を L とする。このとき、$\triangle ABJ$ と $\triangle DAI$ が合同であることを証明せよ。なお考えるときに別紙（正方形の紙が与えられる）を使ってもよい。

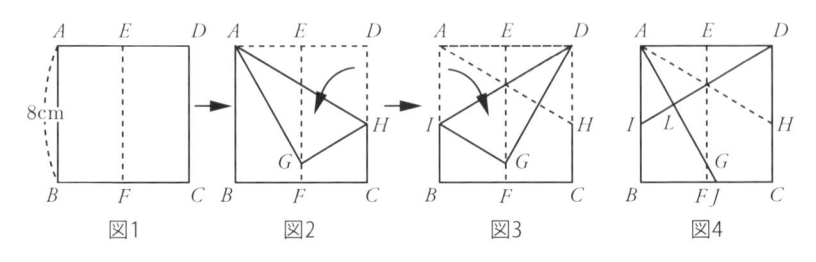

図1　図2　図3　図4

証明問題に慣れて解くヒント4：コピー用紙・折り紙で確かめてみよう

図形の証明では折り紙やコピー用紙をずらしたり折ったりしたときの角度の問題がよく出題される。実際に、小さいころから遊びでやってきたことの中にひそむ「あたりまえの関係」を聞いてくる。ただ、それでも試験で戸惑ったり、気付かなかったりする人も多い。だから、この本で扱う問題では一度同じ作業を、折り紙やコピー用紙を使って確かめ、「あたりまえの関係」であっても「体感」しておくとよい。

【解答（14 埼玉／部分）】証明は下記。

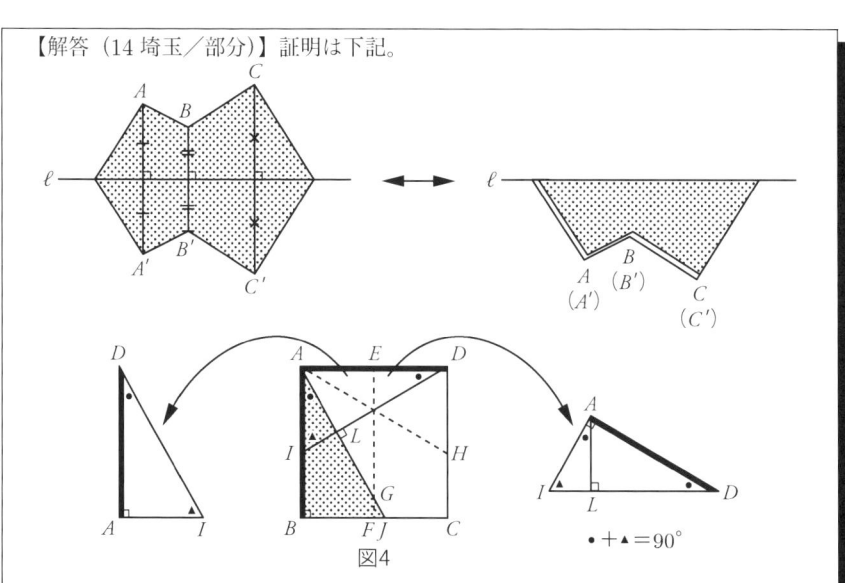

折り紙の問題を解く前提として次のことを知っておいたほうがよい。「ある線で折り返して重なる2点は、その線に対して線対称の関係であり、2点を結ぶ線分と折り返し線は直交する（折り返し線は各線分の垂直二等分線）」。（図で $\triangle DAI$ を左のように $\triangle ABJ$ と同じ向きになるように描くと合同の関係がよくわかる。なお、正方形の辺が等しいことを太線で強調してある。また、右のように直角を頂角になるように描くと、pp. 12, 13 で説明した直角三角形の直角の頂点から斜辺におろした垂線による分割と推定できる。

【証明】（●▲は説明のため記入。試験答案には書かないこと）
$\triangle ABJ$ と $\triangle DAI$ で $AB = DA$ …①。$\angle ABJ = \angle DAI = 90°$ …②。直角三角形 DAI で2鋭角の和は $90°$ なので $\angle ADI$ (●) $= 90° - \angle DIA$ (▲) …③。
A と G は DI で折り返し重なる点なので $\angle ALI = 90°$。直角三角形 ALI で $\angle IAL$ ($\angle BAJ$) $= 90° - \angle AIL$ (▲)…④。③④より $\angle BAJ = \angle ADI$ (●)…⑤。
①②⑤より1組の辺とその両端の角がそれぞれ等しいので $\triangle ABJ \equiv \triangle DAI$。

● 中点連結定理（→ p.12 参照）

―15 兵庫／部分―――――――――――――――――

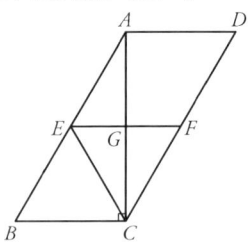

図のような平行四辺形がある。辺 AB の中点 E を通り BC に平行な直線と CD との交点を F とする。また AC と EF との交点を G とする。△AEG ≡ △CEG の証明の $\boxed{\text{I}}$ ～ $\boxed{\text{IV}}$ の答を、選択肢から選べ。

【証明】△AEG と △CEG で、EG // BC より、AG : GC = $\boxed{\text{I}}$ = 1 : 1 だから、$\boxed{\text{II}}$ …①。$\boxed{\text{III}}$ は等しいので、∠AGE = ∠ACB = 90°。したがって、∠AGE = ∠CGE…②。また、EG は共通だから、EG = EG…③。①②③から、$\boxed{\text{IV}}$ がそれぞれ等しいので、△AEG ≡ △CEG。

【選択肢】ア：AE : EB　イ：EG : BC　ウ：AE = EB　エ：AG = GC
オ：平行線の錯角　カ：平行線の同位角　キ：対頂角　ク：円周角　ケ：3 組の辺
コ：2 組の辺とその間の角　サ：1 組の辺とその両端の角
シ：直角三角形の斜辺と他の 1 辺　ス：直角三角形の斜辺と 1 つの鋭角

―16 神奈川―――――――――――――――――

円 O の周上に 3 点 A、B、C を AB > BC となるようにとり、線分 AC の中点を D とする。また、線分 BD の延長と円 O との交点で点 B とは異なる点を E として、線分 AE の中点を F とする。このとき、△ABC ∽ △DFE を証明せよ。

44

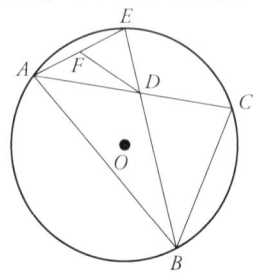

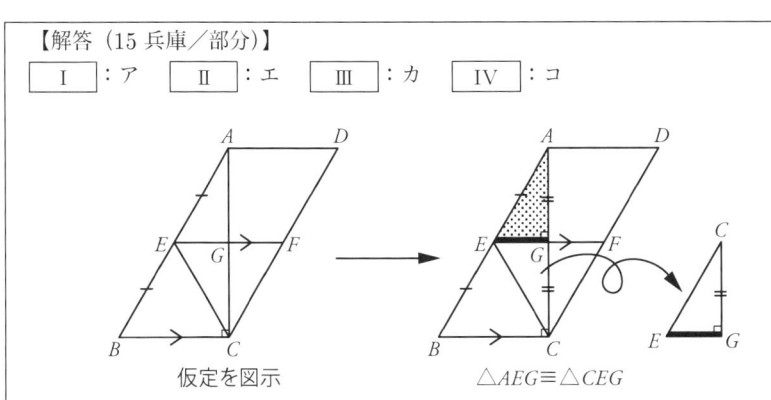

【解答（15 兵庫／部分）】
Ⅰ：ア　Ⅱ：エ　Ⅲ：カ　Ⅳ：コ

【証明】$\triangle AEG$ と $\triangle CEG$ で、$EG /\!/ BC$ より、(中点連結定理より) $AG:GC = AE:EB$（ Ⅰ の答ア）$= 1:1$ だから、$AG = CG$（ Ⅱ の答エ）…①。平行線の同位角（ Ⅲ の答カ）は等しいので、$\angle AGE = \angle ACB = 90°$。したがって、$\angle AGE = \angle CGE$…②。また、$EG$ は共通だから、$EG = EG$…③。①②③から、2組の辺とその間の角（ Ⅳ の答コ）がそれぞれ等しいので、$\triangle AEG \equiv \triangle CEG$。

【解答にいたる発想の流れ（16 神奈川）】

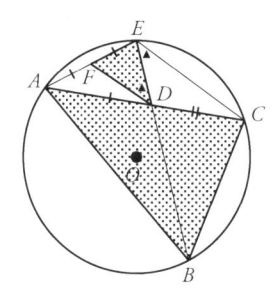

【証明：途中まで】CE を結ぶと、$\triangle ACE$ で、仮定より F は AE の中点、D は AC の中点なので、中点連結定理より $DF /\!/ CE$。平行線の錯角なので $\angle FDE = \angle CED$。（この発想に加えて、円周角の定理を用いて、$\angle BAC = \angle CED$ などを使いながら $\triangle ABC \backsim \triangle DFE$ を証明していく→残りの証明は pp. 50、51 参照）

● 円の半径と弦でできる二等辺三角形の底角（→ p. 14 の 4 参照）

---14 神奈川---

線分 AOB を直径とする円 O の周上に、2 点 A、B とは異なる点 C を、$AC < BC$ となるようにとり、点 C をふくまない弧 AB 上に点 D を $\angle AOD = 1/2\angle AOC$ となるようにとる。また、線分 AB と線分 CD との交点を E とする。このとき、$\triangle OAD$ と $\triangle BCE$ が相似であることを証明せよ。

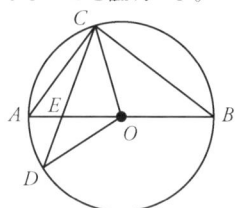

証明問題に慣れて解くヒント 5：先がまるい鉛筆も用意しよう

複雑な問題になってくると、図に書き込んだ等しい線分を示す | や || の示す範囲がわかりにくくなったりする。そのとき、| や || の記号を使わずに、等しい長さの線分を太く塗ることで表現することもできる。二等辺三角形の底角が等しい関係も、その 2 本の太線の「ふもと」に注目することで発見しやすくなる。試験前に鉛筆はすべてをトントンに削るのでなく、わざと先が丸い鉛筆を 1 本残しておくのも 1 つの方法である。

【解答（14 神奈川）】
（半径を太線で強調すると、円の半径と弦でできる二等辺三角形の底角は等しい。）

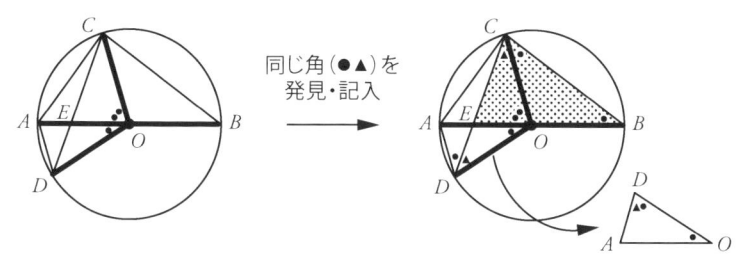

同じ角（●▲）を
発見・記入
→

【証明】（●▲は説明のため記入。試験答案には書かないこと）
△OAD と △BCE で、△OCB は OB = OC の二等辺三角形で底角は等しく ∠OBC = ∠OCB…①。外角は隣り合わない内角の和に等しいので ∠AOC = ∠OBC + ∠OCB。①より ∠AOC = 2∠OBC = 2∠CBE…②。仮定より ∠AOC = 2∠AOD…③。②③より ∠AOD = ∠CBE（●）…④。また △OCD は OC = OD の二等辺三角形で ∠OCD = ∠ODC（▲）…⑤。∠ECB = ∠OCB（●）+ ∠OCD（▲）…⑥。弧 AC に対する円周角なので ∠OBC = ∠ADE（●）…⑦、∠ADO = ∠ADE（●）+ ∠ODC（▲）…⑧。⑤⑥⑦⑧より ∠ADO = ∠ECB（●▲）…⑨。△OAD と △BCE で④⑨より2組の角がそれぞれ等しいので △OAD ∽ △BCE。

47

●円周角・中心角 1 （→ p. 16 参照）

---
14 兵庫／部分

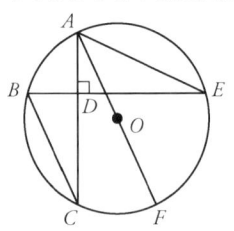

B を通り AC に垂直な直線が AC および円 O と交わる点をそれぞれ D、E とする。また A、O を通る直線が円 O と交わる点を F とする。△BCD ∽ △AED の証明の中の ⬜I ～ ⬜V にあてはまるものを選択肢から選べ。

【証明】△BCD と △AED で、同じ弧に対する ⬜I は等しいから、∠BCD = ∠⬜II …①。⬜III は等しいから、∠BDC = ∠⬜IV …②。①②より ⬜V から、△BCD ∽ △AED。

【選択肢】ア：対頂角　イ：同位角　ウ：錯角　エ：中心角　オ：円周角
カ：AED　キ：ADE　ク：DAE　ケ：3 組の辺の比がすべて等しい
コ：2 組の辺の比とその間の角がそれぞれ等しい　サ：2 組の角がそれぞれ等しい

---
15 東京／部分

図 1 で △ABC は、$AB = AC$、∠BAC が鋭角の二等辺三角形である。点 P は、頂点 B を含まない弧 AC 上にある点で、頂点 A、頂点 C のいずれにも一致しない。頂点 B と点 P を結び、辺 AC との交点を Q とする。

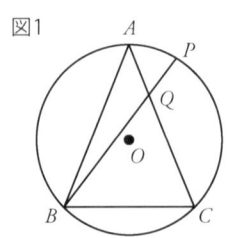

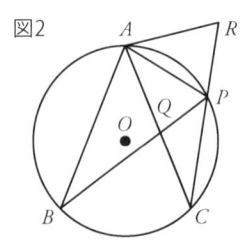

問 1：∠$ABC = 75°$、∠$ABP = \alpha°$ とするとき、∠PQC の大きさを α を用いた式で表せ。

問 2：図 2 は、図 1 で、頂点 A と点 P、頂点 C と点 P をそれぞれ結び、さらに線分 CP を P の方向に延ばした直線上にあり、$BP = CR$ となる点を R とし、頂点 A と点 R を結んだ場合を表している。△$ABP ≡ △ACR$ であることを証明せよ。

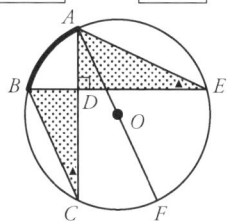

【解答（14 兵庫／部分）】
I : オ　II : カ　III : ア　IV : キ　V : サ

△BCD と △AED で、同じ弧（弧 AB）に対する円周角（ I の答オ）は等しいから、∠BCD = ∠AED（ II の答カ）…①。対頂角（ III の答ア）は等しいから、∠BDC = ∠ADE（ IV の答キ）…②。①②より 2 組の角がそれぞれ等しい（ V の答サ）から、△BCD ∽ △AED。

【解答（15 東京／部分）】
問1：$(150 - \alpha)°$　問2：下記

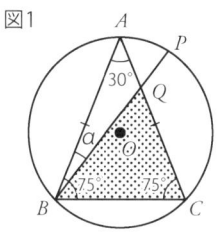

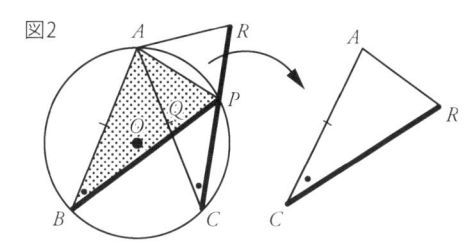

【解説】
問1：△ABC は二等辺三角形なので ∠ABC = ∠ACB = 75°。△QBC で、外角は隣りあわない 2 つの内角の和に等しいので、∠PQC = ∠QCB + ∠QBC = 75° + (∠ABC − ∠ABP) = 75° + (75° − α°) = (150 − α)°。
問2：【証明】△ABP と △ACR で仮定より AB = AC…①。BP = CR…②。弧 AP に対する円周角なので ∠ABP = ∠ACR（●）…③。①②③より、2 組の辺とその間の角がそれぞれ等しいので、△ABP ≡ △ACR。

● 円周角・中心角2 (→ p. 16 参照)

── 16 神奈川（p. 44 と同問題です。説明内容が異なるので再掲載）──

円 O の周上に3点 A、B、C を $AB > BC$ となるようにとり、線分 AC の中点を D とする。また、線分 BD の延長と円 O との交点で点 B とは異なる点を E として、線分 AE の中点を F とする。このとき、$\triangle ABC \sim \triangle DFE$ を証明せよ。

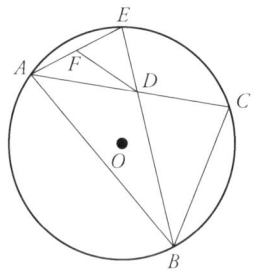

── 16 東京／進学指導重点校 A グループ ──

点 O は $\triangle ABC$ の3つの頂点 A、B、C を通る円の中心である。点 C を含まない弧 AB 上にあり、弧 AD=弧 DB となる点を D とする。頂点 B と点 D、頂点 C と点 D をそれぞれ結ぶ。辺 AB と線分 CD との交点を E とする。また、線分 CD 上にあり、$DF = DB$ となる点を F とし、頂点 B と点 F を結び、線分 BF を F の方向に延ばした直線と辺 AC との交点を G、円 O との交点を H とし、頂点 C と点 H を結ぶ。$\triangle ABG \sim \triangle HBC$ であることを証明せよ。

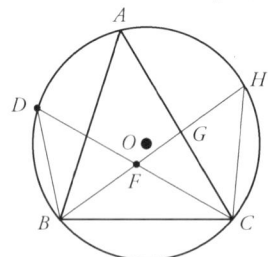

【解答（16 神奈川）】

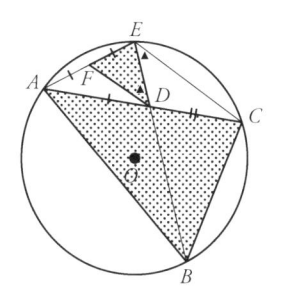

【証明】CE を結ぶと、△ACE で、仮定より F は AE の中点、D は AC の中点なので、中点連結定理より $DF \parallel CE$。平行線の錯角なので $\angle FDE = \angle CED$ …①。（→ pp. 46、47 参照）。弧 BC に対する円周角なので $\angle BAC = \angle CED$ …②。△ABC と △DFE で、①②より $\angle BAC = \angle FDE$ …③。弧 AB に対する円周角なので $\angle ACB = \angle DEF$ …④。③④より、2 組の角がそれぞれ等しいので △$ABC \backsim$ △DFE。

【解答（16 東京／進学重点 A グループ）】

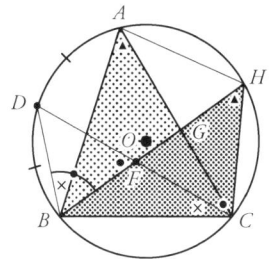

【証明】△ABG と △HBC で、弧 BC に対する円周角なので $\angle BAG = \angle BHC$（▲）…①。二等辺三角形 △DBF の底角は等しく、$\angle DBF = \angle DFB$（●）…②。弧 AD = 弧 DB でそれぞれに対する円周角は等しいので、$\angle DBA = \angle FCB$（×）…③。$\angle ABG = \angle DBF$（●）$- \angle DBA$（×）…④。△FBC で 2 内角の和は隣りあわない外角に等しいので、$\angle DFB = \angle HBC + \angle FCB$。よって $\angle HBC = \angle DFB$（●）$- \angle FCB$（×）…⑤。②③⑤より $\angle ABG = \angle HBC$ …⑥。①⑥より、2 組の角がそれぞれ等しいので、△$ABG \backsim$ △HBC。

●円周角・中心角3（→ p.16参照）

―14 千葉後期／部分―

円 O の円周上の3点 A、B、C を頂点とする鋭角三角形 ABC があり、$OA \perp OC$ である。点 O から辺 BC に垂線をひき、辺 BC との交点を D とする。線分 DO の延長と辺 AB との交点を E、線分 CO の延長と辺 AB との交点を F とする。このとき、$\triangle FOE \backsim \triangle FAC$ となる。以下は、$\triangle FOE \backsim \triangle FAC$ の証明を途中まで示したものである。a、b に入る最も適当なものを、下の選択肢から1つずつ選べ。また c には証明の続きを書き、証明を完成させよ。ただし、①〜④に示されている関係を使う場合、番号の①〜④を用いてもかまわない。

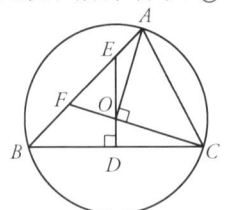

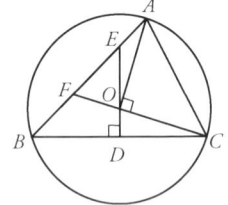

（入試問題には同じ図が2つ掲載された）

【証明】$\triangle FOE$ と $\triangle FAC$ で、$\angle OFE = \angle AFC$（共通）…①。$\triangle OAC$ で、$OA = a$ …②。仮定より、$\angle AOC = 90°$…③。②③より、$\angle OAC = b$…④。（証明の続き → c）

【選択肢】ア：AC　イ：OC　ウ：OF　エ：$\angle OCA = 45°$　オ：$\angle OCA = 60°$　カ：$\angle OFA = 45°$

証明問題に慣れて解くヒント6：円内に2本の交わる弦を描いてみよう

pp.16〜19で述べたように、円、弧、弦には円周角の定理をはじめとして多彩な関係がある。その関係に慣れるためには、白紙やノートに10個ぐらい円を描き、それぞれの円の中に異なる向きや長さで交わる2つの弦を引く。そのあと2弦と円周との交点を結ぶ線分を描き、四角形を描いてみる。円→交わる2弦→四角形（その中に生まれる三角形）という順番で発想し、その流れを確かめておくと、線分が交差した複雑な問題をイメージしていく練習となる。

【解答（14 千葉後期／部分）】
a：イ　b：エ　c：下記

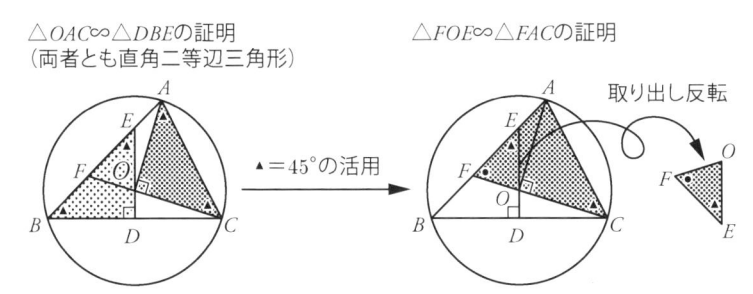

△OAC∽△DBE の証明　　　　△FOE∽△FAC の証明
（両者とも直角二等辺三角形）

問題に図が 2 つあることを活用し、左図に前半の証明、右図に後半の証明（△FOE∽△FAC）に必要な角などを記号で書き込んで考えるが、この問題では前半でどの図形の相似や合同を証明すべきか明記されていない。ただ前半の証明中に「△OAC」の記述がある。それが直角二等辺三角形（底角 45°）であり、それと相似の直角二等辺三角形が △DBE であることに気付くと、△OAC∽△DBE（直角二等辺三角形）が前半の目標となる。それを左図に描き入れる。

【証明】△FOE と △FAC で、∠OFE = ∠AFC（共通）…①。△OAC で、（円 O の半径なので）OA = OC（a の答イ）…②。仮定より ∠AOC = 90° で △OAC は直角二等辺三角形なので ∠OAC = ∠OCA = 45°（b の答エ）。右図で●は本文①（∠OFE = ∠AFC（共通））を示し、左右の図で▲は 45° を示し、この●と▲が、△FOE∽△FAC を導くポイントになる。なお右図では △FOE と △FAC は重なり上下の向きも反転しているので図外に描くとよい。

【証明の続き】（→ c の答）
△DBE で、仮定より ∠BDE = 90°。∠DBE は弧 AC に対する円周角であり、弧 AC に対する中心角 ∠AOC が 90° なので、円周角 ∠DBE = 45°。よって △DBE は直角二等辺三角形で、∠FEO = 45°…⑤。④⑤より ∠FEO = ∠FCA = 45°…⑥。①⑥より 2 組の角がそれぞれ等しいので △FOE∽△FAC。

● 半円の弧に対する円周角は 90° その 1（→ p. 18 参照）

---15 東京／進学指導重点校 B グループ／部分---

長方形 $ABCD$ の辺 CD 上にある点を E とし、B と E を結ぶ。点 O は線分 BE を直径とする半円 O の中心であり、半円 O と辺 AD は 2 点で交わっている。半円 O と辺 AD との交点のうち、頂点 D に近い方の点を F、半円 O と辺 AB との交点のうち、頂点 B と異なる点を G とする。B と F、E と F、F と G、E と G を結ぶ。$BE \mathbin{/\mkern-5mu/} GF$ となる場合、$\triangle BCE \equiv \triangle BFE$ であることを証明せよ。

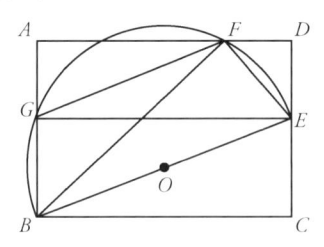

---15 大阪 B グループ／部分---

A、B、C、D は、円 O の周上の異なる 4 点であり、この順に左周りに並んでいる。四角形 $ABCD$ は $AD \mathbin{/\mkern-5mu/} BC$ の台形である。E、F、G は、それぞれ辺 AB、AD、BC の中点である。E と F、E と G とをそれぞれ結ぶ。H は直線 AD と直線 EG との交点であり、I は直線 BC と直線 EF との交点である。$EI = EG$ を証明せよ。

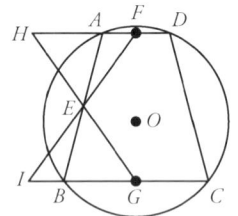

【解答（15 東京／進学指導重点校 B グループ／部分）】

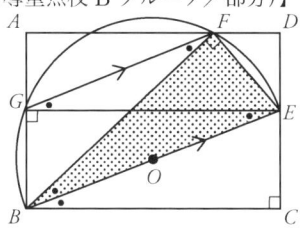

【証明】$\triangle BCE$ と $\triangle BFE$ で、四角形 $ABCD$ は長方形なので、$\angle BCE = 90°$。直径 BE を弦とする弧に対する円周角なので $\angle BFE = 90°$。よって $\angle BCE = \angle BFE = 90°$…①。$BE = BE$（共通）…②。$\angle BGE$ も直径 BE を弦とする弧に対する円周角なので $\angle BGE = 90°$。よって四角形 $GBCE$ も長方形。$GE \parallel BC$ の錯角なので $\angle CBE = \angle BEG$（●）…③。弧 GB の円周角なので $\angle BEG = \angle BFG$（●）…④。仮定より $BE \parallel GF$ の錯角なので $\angle BFG = \angle FBE$（●）…⑤。③④⑤より $\angle CBE = \angle FBE$（●）…⑥。①②⑥より直角三角形で斜辺と1つの鋭角がそれぞれ等しいので $\triangle BCE \equiv \triangle BFE$。

【解答（15 大阪 B グループ／部分）】

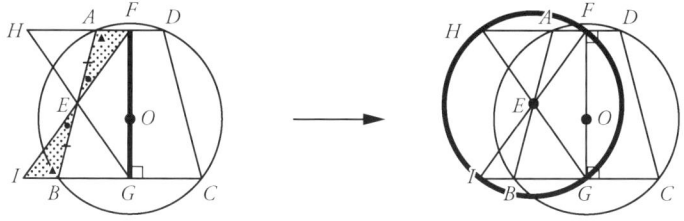

【証明】弦の垂直二等分線は円の中心を通る（→ p.14 の 1 参照）。弦 AD の垂直二等分線は AD の中点 F と円の中心 O を通るので FO となる。$FO \perp AD$…①。同様に、弦 BC の垂直二等分線は BC の中点 G と円の中心 O を通るので GO となる。$GO \perp BC$…②。仮定より $AD \parallel BC$…③。①②③より、FO と GO は同じ点 O を通るので F、O、G は同一直線上にあり、$FG \perp BC$ となる。よって $\angle IGF = 90°$…④。また $\triangle EAF$ と $\triangle EBI$ で、E は AB の中点なので $EA = EB$…⑤。対頂角なので $\angle AEF = \angle BEI$（●）…⑥。錯角なので $\angle FAE = \angle IBF$（▲）…⑦。⑤⑥⑦より、1組の辺とその両端の角が等しいので $\triangle EAF \equiv \triangle EBI$。よって $EF = EI$。よって E は IF の中点…⑧。④⑧より、IF を直径、E を中心とし、G が円周上にある円が描ける。すると EI、EG はともにこの円の半径になるので $EI = EG$。

55

●半円の弧に対する円周角は90° その2（→ p. 18 参照）

---
15 神奈川

線分 AB を直径とする円 O の周上に、2 点 A、B とは異なる点 C を $AC > BC$ となるようにとり、線分 BC の延長上に点 D を $AB = AD$ となるようにとる。また点 C を含まない弧 AB 上に 2 点 A、B とは異なる点 E をとり、線分 AB と線分 CE との交点を F とする。さらに、線分 AE 上に点 G を、$AE \perp FG$ となるようにとる。このとき、$\triangle ACD$ と $\triangle FGE$ が相似であることを証明せよ。

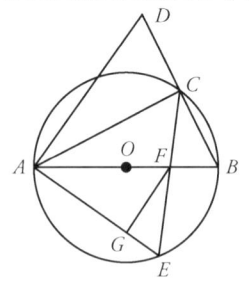

---
15 東京／進学指導重点校 A グループ／部分

点 O は線分 BD を直径とする円の中心、$\triangle ABC$ は 3 頂点 A、B、C がすべて円 O の周上にある $AB = AC$ の鋭角三角形である。線分 BD と辺 AC の交点を E とする。頂点 C を通り辺 AB に垂直な直線を引き、辺 AB との交点を G とし、A と D、C と D をそれぞれ結んだ。$\triangle ACD \backsim \triangle BCG$ であることを証明せよ。

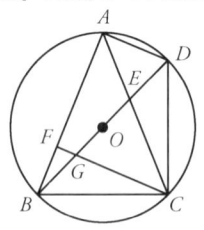

【解答（15 神奈川）】

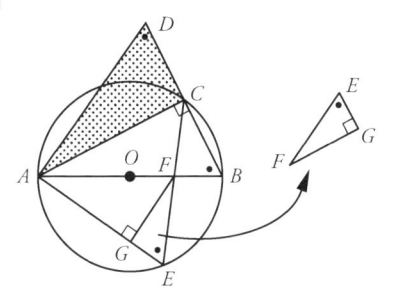

【証明】（●▲は説明のため記入。試験答案には書かないこと）
$\triangle ACD$ と $\triangle FGE$ で、$\angle ACB$ は直径 AB を弦とする弧の円周角なので $\angle ACB = 90°$。よって $\angle ACD = 90°$…①。仮定より $\angle FGE = 90°$…②。$\triangle ACD$ と $\triangle FGE$ で、①②より $\angle ACD = \angle FGE = 90°$…③。$AD = AB$ より $\triangle ABD$ は二等辺三角形。よって底角は等しく $\angle ADC = \angle ABC$…④。弧 AC に対する円周角なので $\angle FEG = \angle ABC$（●）…⑤。④⑤より $\angle ADC = \angle FEG$…⑥。③⑥より2組の角がそれぞれ等しいので $\triangle ACD \backsim \triangle FGE$。

【解答（15 東京／進学指導重点校 A グループ／部分）】

●＋▲＝90°

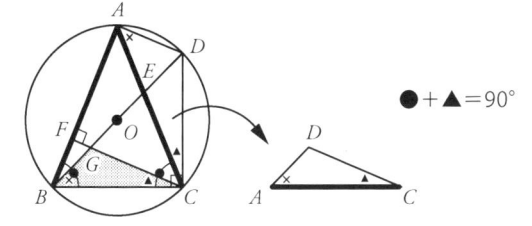

図の中はさまざまな線が交差し見にくいので、$\triangle BCG$ を塗って、$\triangle ACD$ を $\triangle BCG$ と同じ向きに直した上で、図外に描くと見やすくなる。また $AB = AC$ を表記するのに、線分の中に | 表示をすると、線分が F や E で分割されているのでどの範囲が等しいかわかりにくいので太線にする。

【証明】$\triangle ACD$ と $\triangle BCG$ で、弧 DC に対する円周角なので、$\angle DAC = \angle GBC$（×）…①。$\triangle ABC$ は二等辺三角形なので底角は等しく、$\angle ABC = \angle ACB$（●）…②。$\angle DCB$ は直径 BD を弦とする弧に対する円周角なので、$\angle DCB = 90°$（タレスの定理）。$\angle ACD$（▲）$= \angle DCB - \angle ACB = 90° - \angle ACB$（●）…③。直角三角形 FBC で2鋭角の和は $90°$ なので $\angle FBC$（●）$+ \angle BCG = 90°$。$\angle BCG = 90° - \angle ABC$（●）…④。③④より $\angle ACD = \angle BCG$（▲）…⑤。①⑤より2組の角がそれぞれ等しいので $\triangle ACD \backsim \triangle BCG$。

●半円の弧に対する円周角は 90° その 3（→ p. 18 参照）

---15 千葉前期／部分----------------------------

点 O を中心とし、線分 AB を直径とする円 O がある。線分 OB 上に、2 点 O, B と異なる点 E をとり、点 B を中心とし、線分 BE を半径とする円 B を描く。2 つの円の交点を C, D とし、点 C から線分 AB に垂線 CF をひく。また、点 C と、点 A, 点 B, 点 E をそれぞれ結ぶ。以下は、線分 CE が $\angle ACF$ を二等分することの証明を、途中まで示したものである。a, b に入る最も適当なものを、下の選択肢の中から 1 つずつ選べ。また、c には証明の続きを書き、証明を完成させよ。①～③に示されている関係を使う場合、番号①～③を用いてもよい。

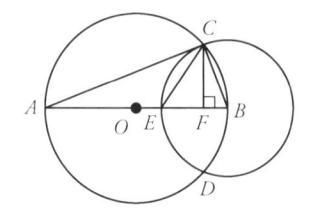

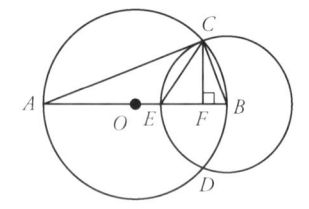

（入試問題には同じ図が 2 つ掲載された）

【証明】△CFB と △ACB で、共通の角だから、$\angle CBF = a$…①。仮定と、線分 AB は円 O の直径であることから、$\angle CFB = b = 90°$…②。①②より、2 組の角がそれぞれ等しいので、△CFB ∽ △ACB…③。（証明の続き→ c）したがって、線分 CE は $\angle ACF$ を二等分する。
【選択肢】ア：$\angle AEC$ イ：$\angle ACB$ ウ：$\angle BAC$ エ：$\angle ABC$ オ：$\angle BCF$ カ：$\angle BCE$

証明問題に慣れて解くヒント 7：目立ちやすい記号と描きやすい記号

本書では、小さな図の中でも目立ちやすいというので、角度では●▲（一部×）を使用した。しかしテストの時は●を黒く塗りつぶすのは時間がかかる。実際には、角度の表記は○×△、線分表記は | や ||、(本書では塗って表現した図自体の強調は) 斜線での表記が簡単である。図が複雑な場合は、必要に応じて●▲や（線分の長さが等しいことを示す）太線を使えばよい。問題の性質や難易度に合わせて、記号表記は使い分けよう。

【解答（15 千葉前期／部分）】
a：エ　b：イ　c：下記

問題に図が2つあることを活用し、左図に前半（$\triangle CFB \backsim \triangle ACB$）、右図に後半の証明（$CE$ が $\angle ACF$ の二等分線 → $\angle ACE = \angle ECF$）に必要な角などを記号で書き込んで考える。最初は何をどう証明すれば証明の流れができるか予測がつきにくいと感じるかもしれないが、2つの円があるので、円周角の関係または $BE = BC$（円 B の半径）などを使うと推定できる。

【$\triangle CFB \backsim \triangle ACB$ の証明】$\triangle CFB$ と $\triangle ACB$ で、共通の角だから、$\angle CBF = \angle ACB$（a の答エ）…①。仮定と、線分 AB は円 O の直径であることから（$\angle ACB$ は直径 AB を弦とする弧に対する円周角なので）、$\angle CFB = \angle ACB = 90°$（$b$ の答イ）…②。①②より、2組の角がそれぞれ等しいので $\triangle CFB \backsim \triangle ACB$ …③。

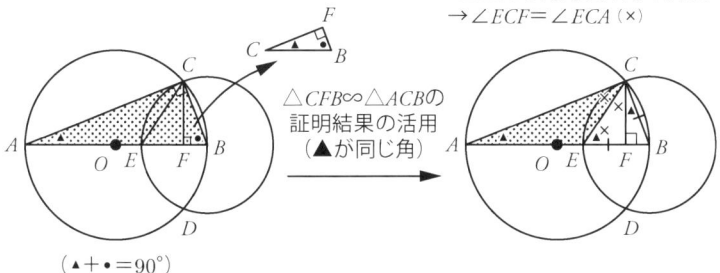

【$\angle ACE = \angle ECF$ の証明】$\triangle BEC$ が二等辺三角形であることと、$\triangle EAC$（右図の黒塗り）の内角と外角の関係を使う。（以下→ c の答）

BC、BE は円 B の半径なので $BC = BE$。よって $\triangle BCE$ は二等辺三角形で底角が等しいので $\angle BCE = \angle BEC$ …④。$\angle BCE = \angle BCF$（▲）$+ \angle FCE$（×）…⑤。$\triangle AEB$ で外角は隣りあわない内角の和なので $\angle BEC = \angle EAC$（▲）$+ \angle ECA$ …⑥。④⑤⑥より、$\angle BCF$（▲）$+ \angle FCE$（×）$= \angle EAC$（▲）$+ \angle ECA$ …⑦。③より $\angle BCF = \angle EAC$（▲）…⑧なので、⑦⑧より $\angle FCE = \angle ECA$（×）。よって、CE は $\angle ACF$ の二等分線となる。

●半円の弧に対する円周角は 90° その 4（→ p. 18 参照）

16 千葉前期／部分

線分 AB を直径とする円 O がある。線分 OB 上に、2 点 O、B と異なる点 C をとる。点 C を通り、線分 OB と垂直に交わる直線と、円との交点を D、E とする。また線分 DO の延長線と円 O との交点を F とする。3 点 A、E、F をそれぞれ結び、2 点 A、D を結ぶ。△AOF ∽ △DAE となることの証明を途中まで示してある。a、b に入る最も適当なものを、選択肢から 1 つずつ選べ。また c には証明の続きを書き、証明を完成させよ。ただし、①〜④に示されている関係を使う場合、番号の①〜④を用いてもかまわない。

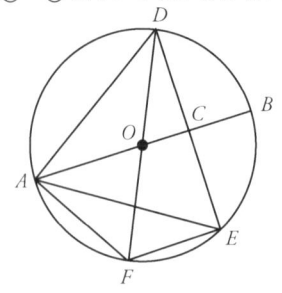

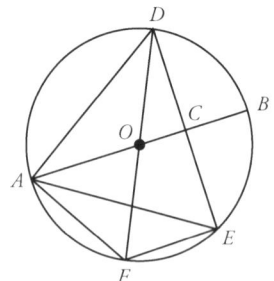

（入試問題には同じ図が 2 つ掲載された）

【証明】 △AOF と △DAE で、仮定より、∠DCA = 90°…①。線分 DF は直径なので、a= 90°…②。①②より、∠DCA =a…③。③より、b が等しいので AB // FE…④。（証明の続き→ c）

【選択肢】ア：∠EAD イ：∠DEF ウ：∠FDA エ：円周角 オ：対頂角
カ：同位角

証明問題に慣れて解くヒント 8：「図形の証明」は人生に役立つ？

「複雑な図形の中からある三角形ペアに注目→相似、合同を証明→その結果を使って別の三角形ペアの相似、合同に注目→結論」という発想は、「世の中の多くのテーマの中からテーマを絞る→そのテーマの特性を明らかにする→その結果を使って次の課題に挑戦→新境地」という、人生を一歩一歩切り開く発想に似ているとも言える。図形的発想で君の人生も切り開かれる？

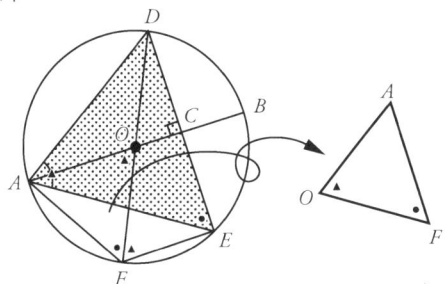

【解答（16 千葉前期／部分）】
a:イ　b:カ　c:以下

【証明】△AOF と △DAE で、仮定より、∠DCA = 90°…①。線分 DF は直径なので、(半円の弧に対する円周角なので)∠DEF(a の答イ)= 90°…②。①②より、∠DCA = ∠DEF(a の答イ) …③。③より、同位角 (b の答カ) が等しいので、AB // FE…④。

【証明の続き（c の答）】(●▲は説明のため記入。試験答案には書かないこと。) ④より、平行線の錯角なので ∠AOF = ∠OFE (▲)…⑤。弧 DE に対する円周角なので ∠OFE = ∠DAE (▲)…⑥。⑤⑥より ∠AOF = ∠DAE (▲)…⑦。弧 DA に対する円周角なので ∠AFO = ∠DEA (●)…⑧。⑦⑧より 2 組の角がそれぞれ等しいので、△AOF ∽ △DAE。

●円を自ら描き、円周角を使う問題（→ p. 16 の 3、p. 18 の 3）

─ 14 大阪 B グループ／部分 (p. 20 と同問題。説明内容が異なるので再掲載) ─

$\triangle ABC$ は、$BC > AB = AC$ の二等辺三角形である。D は、辺 BC 上にあって B、C と異なる点である。E は直線 AD について B と反対側にある点であり、$\triangle AED \equiv \triangle ABD$ である。E と C を結ぶ。F は、線分 AE と辺 BC との交点である。$\triangle ADF \backsim \triangle CEF$ を証明せよ。

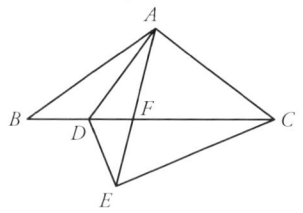

─ 16 東京／進学指導重点校 B グループ ─

$\triangle ABC$ は鋭角三角形である。頂点 B から辺 AC に垂線を引き、辺 AC との交点を D、頂点 C から辺 AB に垂線を引き、辺 AB との交点を E、線分 BD と線分 CE との交点を F とする。点 D と点 E を結ぶ。$\triangle ABC \backsim \triangle ADE$ であることを証明せよ。

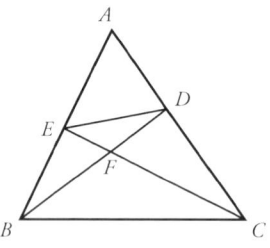

【解答（14 大阪 B グループ／部分）】

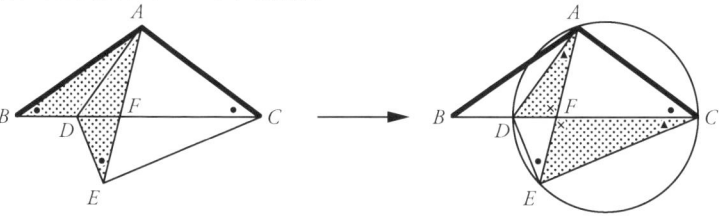

【証明】（●▲×は説明のため記入。試験答案には書かないこと）
△ABC は二等辺三角形なので底角は等しく ∠ABC = ∠ACB（●）…①。（→ pp. 20, 20 参照）。△ABD ≡ △AED なので ∠ABD = ∠AED（●）…②。①②より ∠ACD = ∠AED。（直線 AD に対し C、E は同じ側なので）弧 DA をもち、E、C を通る円が描ける。その円において弧 DE に対する円周角なので ∠DAF = ∠ECF（▲）…③。△ADF と △CEF で、対頂角なので ∠AFD = ∠CFE（×）…④。③④より 2 組の角がそれぞれ等しいので、△ADF ∽ △CEF。

【解答（16 東京／進学指導重点校 B グループ）】

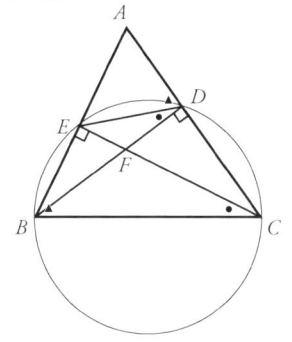

【証明】（●▲は説明のため記入。試験答案には書かないこと。）
△ABC と △ADE で、∠BAC = ∠DAE（共通）…①。仮定より、∠BEC = 90°、∠BDC = 90° なので、BC を直径とする円周上に E、D が存在し、∠BEC、∠BDC はその円周角とわかる。B、E、D、C は同じ円周上の点である。この円において、弧 BE に対する円周角として ∠EDB = ∠ECB（●）…②。直角三角形 BEC で、直角以外の 2 鋭角の和は 90° なので ∠ABC（▲）+ ∠ECB（●）= 90°。∠ABC（▲）= 90° − ∠ECB（●）…③。∠ADE = 90° − ∠EDB…④。②③④より ∠ABC = ∠ADE（▲）…⑤。①⑤より 2 組の角がそれぞれ等しいので、△ABC ∽ △ADE。

朝倉幹晴（あさくらみきはる）略歴

愛知県豊橋市出身。東大理Ⅰ入学、農学部卒。その後、駿台予備学校生物科講師。船橋市議（無党派）。日本分子生物学会、日本癌学会会員。著書「休み時間の生物学」「病気と薬の基礎知識」「円－小中学生から学べる初等幾何学入門」「三角形－小中学生から学べる初等幾何学入門」

　公式サイト http://asakura.chiba.jp
　Facebook asakuramiki
　Twitter @asakuramikiharu
　メール info@asakura.chiba.jp
(感想、ご質問などいつでもお寄せください。)

図形の証明

2015 年 8 月 14 日 初版発行
2015 年 11 月 1 日 改訂版発行
2016 年 11 月 15 日 改訂 2 版発行
　著　者　　朝倉 幹晴 (あさくら みきはる)
　校　正　　三代 和彦 (みよし かずひこ), Mmc (えむえむしー)
　発行者　　星野 香奈 (ほしの かな)
　発行所　　同人集合 暗黒通信団 (http://ankokudan.org/)
　　　　　　〒277-8691 千葉県柏局私書箱 54 号 D 係
　頒　価　　300 円 / ISBN978-4-87310-010-4 C6041

乱丁落丁は在庫がある限り取り替えます。著者から直接購入の場合はサインします！

ⒸCopyright 2015-2016 暗黒通信団　　Printed in Japan

64